AF288405

Sonja Ulrike Klug

Konzepte ausarbeiten

Tools und Techniken für Pläne, Berichte, Bücher und Projekte

BusinessVillage

Update your Knowledge!

Sonja Ulrike Klug
Konzepte ausarbeiten
Tools und Techniken für Pläne, Berichte, Bücher und
Projekte 10. Auflage 2023
© BusinessVillage GmbH, Göttingen

Bestellnummern
ISBN 978-3-86980-179-7 (Druckausgabe)
ISBN 978-3-86980-180-3 (E-Book, PDF)

Direktbezug www.BusinessVillage.de/bl/897

Bezugs- und Verlagsanschrift
BusinessVillage GmbH
Reinhäuser Landstraße 22
37083 Göttingen
Telefon: +49 (0)5 51 20 99–1 00
Fax: +49 (0)5 51 20 99–1 05
E-Mail: info@businessvillage.de
Web: www.businessvillage.de

Layout und Satz
Sabine Kempke

Autorenfoto
Frederik Hettich

Druck und Bindung
www.bookffactory.de

Inhalt

Einleitung

In vielen Unternehmen, Branchen und Berufen gehört das Ausarbeiten von Konzepten zu unterschiedlichen Themen, Sachverhalten, Projekten oder Problemen zu den häufig wiederkehrenden Aufgaben.

Konzepte dienen unter anderem dazu,

- Informationen zu einem neuen Thema zu sichten, zu ordnen und zu strukturieren,
- den Wissens- oder Kenntnisstand in einem bestimmten Bereich umfassend und vollständig zu dokumentieren,
- neue Ideen und Innovationen zu entwickeln,
- Entscheidungen vorzubereiten oder getroffene Entscheidungen zu begründen,
- die Eckdaten eines größeren Projekts oder Auftrags an Dritte, zum Beispiel an externe Auftragnehmer, weiterzugeben,
- interne und externe Personen von einem Projekt, einem Sachverhalt oder einer Problemlösung zu überzeugen.

Oft sind es mehrere der genannten Gründe, die kombiniert auftreten und zur Erstellung eines Konzeptes führen.

Zwei verschiedene Zeitpunkte sind es, die häufig ein Konzept erfordern: *der Beginn* und *der Abschluss* eines Projekts. Zu Beginn hat das Konzept die Aufgabe, einen Rahmen abzustecken, die Ziele zu fixieren und einen Maßnahmenplan aufzustellen; am Ende soll das Konzept die Ergebnisse dokumentieren, zusammenfassen und bewerten sowie einen Ausblick auf Künftiges geben. Gelegentlich halten Konzepte bei zeitlich sehr langfristig laufenden Maßnahmen auch den *Zwischenstand* eines Projektes fest.

Es kann sich um Konzepte der unterschiedlichsten Art handeln, zum Beispiel:

- Entscheidungsvorlagen für Auftragsvergaben, Investitions-, Innovationsvorhaben oder Kostensenkungsprogramme
- Gutachten
- Kostenvoranschläge inklusive Präzisierung des Angebotes sowie Preisfindung und -begründung
- Vorschläge für eine Problemlösung
- schriftliche Stellungnahmen zu einem Sachverhalt oder einem Problem
- Ziele, Strategien und Visionen für die Unternehmenszukunft
- organisatorische Planungen
- Entwicklungen von Kommunikationskampagnen, beispielsweise zur Einführung neuer Produkte oder Dienstleistungen
- Vorträge und Präsentationen
- Pressetexte und Fachartikel.

Gemeinsam ist allen Konzepten, dass sie für die Unternehmenskommunikation – gleich ob mit internen oder mit externen Adressaten – eine wichtige Rolle spielen. Vielen Konzepten gemeinsam ist, dass sie schriftlich ausgearbeitet werden müssen, wobei ihre Länge zwischen einer Seite bei einem kurzen Abriss und zweihundert Seiten oder mehr bei Büchern oder komplexen Projekten schwanken kann. Aber auch dann, wenn Sie beispielsweise einen Vortrag oder eine Präsentation erarbeiten müssen, der oder die nicht auf dem Papier vorzuliegen braucht, ist es empfehlenswert, das Konzept *schriftlich* auszuformulieren. Denn erst durch die schriftliche Fixierung werden Ihnen Zusammenhänge klar und fallen Ihnen Widersprüche auf, die Ihnen bei einer nur mündlichen Präsentation entgehen würden. Schriftlichkeit bringt Klarheit in Ihre Gedanken.

 *Erarbeiten Sie Konzepte immer schriftlich – auch dann, wenn Sie sie nur münd-lich vorzutragen brauchen.*

Für alle Arten von Konzepten – unabhängig von deren Inhalt und Um-fang – finden Sie in diesem Ratgeber einen „Werkzeugkasten", eine Anleitung, wie Sie methodisch Schritt für Schritt vorgehen. Durch me-thodisches Vorgehen können Sie selbst unter Zeitdruck Informationen in großer Menge mühelos geistig verarbeiten und Ihre Resultate „druck-reif" formulieren, ohne dabei unsystematisch und sprunghaft zu werden oder in Oberflächlichkeit zu verfallen.

Die vorgestellten methodischen Werkzeuge sind auf unterschiedliche Situationen und Aufgabenstellungen, zum Teil auch auf unterschied-liche Konzeptphasen anwendbar. Es handelt sich einerseits um Kreativi-täts- und andererseits um analytische Methoden. Dabei werden sowohl relativ bekannte Werkzeuge wie Mindmapping und die Portfoliomatrix als auch unbekannte, neuere Werkzeuge wie Conceptmaps, Vistem und die Pyramiden-Methode erläutert.

Der Methodenkanon erhebt keinen Anspruch auf Vollständigkeit, das heißt, es gibt noch erheblich mehr „Werkzeuge" als hier dargestellt. Die Auswahl erfolgte unter dem Gesichtspunkt, welche Methoden für welche Arbeitsschritte bei der Konzepterarbeitung sinnvoll und nütz-lich erscheinen.

Es ist keineswegs so, dass Sie unbedingt sämtliche hier vorgestellten Methoden für Ihre Konzeptentwicklung einsetzen müssen oder sollen. Vielmehr ist es so, dass Sie zu jedem methodischen Schritt mehrere verschiedene Methoden als Vorschläge erhalten. Ihre methodische Auswahl ist sowohl von Inhalt, Art und Umfang Ihres Konzepts als auch von Ihrem persönlichen Arbeitsstil abhängig. Prüfen Sie jeweils, welche Methoden Ihnen liegen, Ihr Konzept weiterbringen und Ihnen Spaß machen.

Übrigens ist es sinnvoll, wenn Sie bereits vor der Erarbeitung Ihres Konzepts in der Anwendung der für Sie erforderlichen Methoden sicher und routiniert sind. Sonst stehen Sie nachher vor der doppelten Aufgabe, einerseits ein Konzept erarbeiten, andererseits aber noch erst die Methoden dafür erlernen zu müssen, was Ihren Zeitaufwand enorm erhöht.

achen Sie sich mit dem in diesem Buch vorgestellten methodischen Werkzeug vertraut, bevor Sie an die Konzepterstellung gehen.

TIPP

Das Thema Konzepterarbeitung berührt eine Reihe benachbarter Themen wie Wissensmanagement, Umgang mit der Informationsflut, Projektmanagement, Kreativitätsentfaltung, Kunst und Handwerk des Schreibens sowie Entscheidungsfindung. All diese Themen werden im vorliegenden Buch nur insoweit behandelt, als es für Konzepte notwendig ist. Wenn Sie vertiefende Informationen zu diesen Nachbarthemen suchen, sich beispielsweise mit Projektmanagement oder mit Kreativitätstechniken näher befassen wollen, sollten Sie auf Spezialliteratur zurückgreifen (siehe dazu die Hinweise im Literatur- und Internetadressen-Verzeichnis am Ende dieses Buches). Es würde den Rahmen dieses Ratgebers sprengen, all diese Nachbarthemen ausführlich und umfassend zu behandeln.

Der erste Teil dieses Buches folgt Schritt für Schritt den Phasen der Konzepterarbeitung. Je nach Konzept kann es jedoch sein, dass die Phasen in einer leicht veränderten Reihenfolge als hier dargestellt verlaufen. So ist es zum Beispiel möglich, dass die Kreativitätsphase, die erst im fünften Kapitel erläutert wird, bei Ihnen schon am Anfang des Konzepts steht. Bleiben Sie also flexibel und passen Sie den Werkzeugkasten Ihren Bedürfnissen an.

Der erste Teil dieses Ratgebers führt Sie durch alle Schritte der Ausarbeitung von Konzepten, indem er Ihnen einen kompletten „geistigen Werkzeugkasten" zur Verfügung stellt.

Zunächst gilt es, Ihr zentrales Problem herauszuarbeiten. Meist verbirgt es sich hinter einigen Scheinproblemen, die aufgrund von Zeitdruck entstanden sind (Kapitel 1).

Der erste und wichtigste Schritt ist die Zusammenstellung aller relevanten Informationen. Sie erfahren, welche Informationsquellen Sie ausschöpfen sollten, um weitestmöglich Vollständigkeit zu erreichen, und wie Sie die Informationen anschließend in eine materielle, physisch handhabbare Ordnung bringen (Kapitel 2).

Als Nächstes müssen Sie Ihre Informationen geistig ordnen. Dazu gehört, dass Sie durch rationelles zügiges Lesen einen Überblick über das Ganze bekommen und eine erste schriftliche Übersicht anfertigen (Kapitel 3).

Die wahre Kunst des Konzeptes liegt in der schlüssigen Interpretation all Ihrer Informationen: in der Herstellung der richtigen Bezüge, im Erkennen der Vernetzungen, im Treffen nachvollziehbarer Entscheidungen und im Aufstellen begründeter Hypothesen. Eine ganze Reihe methodischer Werkzeuge steht Ihnen für unterschiedliche Aufgabenstellungen und Interpretationsansätze zur Verfügung (Kapitel 4).

Wenn die zündende Idee im Laufe der ersten Phasen noch nicht dabei war, so ergibt sie sich möglicherweise dadurch, dass Sie Ihr Problem unter verschiedenen ungewohnten Perspektiven betrachten. Auf diese Weise können Sie eine größere Menge neuer Ideen produzieren (Kapitel 5).

Bevor Sie mit der Ausformulierung beginnen, sollten Sie sich auf die Perspektive Ihrer späteren Leser einstellen, um in Ihrem Text ein Maximum an Verständlichkeit zu erreichen. Die Erstellung einer Gliederung und eines Inhaltsverzeichnisses bereiten die schriftliche Ausformulierung des Konzeptes vor. Falls Sie ungerne schreiben, helfen Ihnen spezielle Methoden dabei, Ihre sprachliche Produktion ins Fließen zu bringen (Kapitel 6).

Als Nächstes lernen Sie einige Tricks und Kniffe kennen, um Ihrem Konzept die nötige Klarheit und beim Leser die erwünschte Wirkung zu verschaffen (Kapitel 7).

Falls Sie für Ihr Konzept nur einen Tag Zeit haben, brauchen Sie ein besonderes Vorgehen (Kapitel 8).

Der zweite Teil des Buches befasst sich mit der Praxis von Konzepten.

Sie erfahren, wie Konzepte für die integrierte Kommunikation (Marketing, PR, Sponsoring und so weiter) aufgebaut sind und wie der Konzeptions-Profi Klaus Schmidbauer das Thema sieht (Kapitel 9).

Konzepte für Sachbücher, die auf dem Buchmarkt erfolgreich publiziert werden sollen, stellen besondere Anforderungen, die Sie zuletzt kennenlernen (Kapitel 10).

Teil 1:
Konzepte ausarbeiten

Die Problemlage vor der Konzepterarbeitung

Worin liegt eigentlich das Problem bei der Erarbeitung eines Konzeptes? Warum erscheint diese Arbeit vielen Menschen so schwierig und mühselig? Warum neigen wir dazu, ihr auszuweichen oder sie vor uns herzuschieben? Und warum kommen trotz spontaner Begeisterung und anfänglichem Schwung am Ende häufig keine brauchbaren Ergebnisse heraus? Warum „versandet" die Ausarbeitung von Konzepten manchmal irgendwo auf halber Strecke? Genau genommen, sind es fünf Probleme, die wie eine „diffuse Gemengelage" wirken, die kombiniert oder einzeln auftreten und die den gesamten Arbeitsablauf lähmen, immer wieder abbremsen oder sogar das effektive Zustandekommen eines Resultates verhindern können. Schauen wir uns an, was dahintersteckt.

Erstes Problem: „Meine Zeit reicht nicht aus"

„Ich habe viel zu wenig Zeit, um ein Konzept zu entwickeln und zu schreiben. Das ist eine umfangreiche zeitraubende Arbeit, und die kann ich – neben all meinen anderen Arbeitsaufgaben – kaum bewältigen. Eigentlich bräuchte ich mehr Zeit."

Keine Zeit zu haben, gehört heute zu den üblichen Problemen im Geschäftsleben. Irgendwie scheint für überhaupt keine Arbeitsaufgabe noch genügend Zeit vorhanden zu sein; überall biegen sich die Schreibtische vor Arbeit und die Zeitplanbücher vor Terminen ... „Mehr Zeit" ist keine Lösung, sofern Sie nicht genau eingrenzen, *wie viel mehr* Zeit genau notwendig ist, damit Sie Ihr Konzept erarbeiten können.

Jede Arbeit beansprucht (fast) genauso viel Zeit, wie Sie dafür im Voraus einplanen! Befreien Sie sich innerlich von unnötiger Hast, indem Sie einen realistischen Zeithorizont für die Entwicklung Ihres Konzeptes festlegen und einplanen. Ein Trick, der Ihnen den inneren Druck nimmt: Anstatt zu denken „Bis Dienstag, den 31. März ist mein Konzept fertig", drehen Sie den Spieß einfach um: „Wenn mein Konzept fertig ist, haben wir Dienstag, den 31. März." Das klingt sehr viel optimistischer und gelassener und ist auch dann noch glaubhaft, wenn der eine oder andere Arbeitsschritt einmal länger als geplant dauern sollte.

Die beiden größten Zeitfallen beim Ausarbeiten eines Konzeptes bestehen darin, entweder *zu viel* oder *zu wenig* Zeit auf die einzelnen Arbeitsschritte zu verwenden. Wer der Konzeptionierung zu viel Zeit einräumt, gerät in die Perfektionismus-Falle, wer zu wenig Zeit aufwendet, arbeitet „schlampig". Beides ist gleichermaßen kontraproduktiv. Sie erfahren in den folgenden Kapiteln unter anderem, welche Arbeitsschritte von der Informationssammlung bis zur Konzeptausformulierung überhaupt erforderlich sind. Dadurch sehen Sie, wo Sie Zeit einsparen können, aber auch, wo Sie Zeit investieren müssen, um ein gutes Konzept erstellen zu können.

Der Perfektionist
- strebt absolute Vollständigkeit bei der Sammlung aller relevanten Informationen an, obwohl deren Menge insbesondere heute in Anbetracht der allgegenwärtigen Informationsüberflutung nahezu unendlich ist und die Arbeit damit niemals fertig würde,
- will nicht anfangen, bevor er nicht „alle" Informationen vollständig beisammen hat,
- verwendet zu viel Zeit auf das Lesen und Durcharbeiten jeder einzelnen Info,

- ordnet alle Informationen mehrmals wieder neu, ohne sich zu einer endgültigen Ordnung durchringen zu können,
- vertrödelt unnötig viel Zeit mit dem letzten Feinschliff in der sprachlichen Formulierung des Konzeptes oder schreibt mehrmals alles komplett neu, weil er sich zu wenig Gedanken über die Gliederung seines Stoffes gemacht hat.

Die Gefahren des *Perfektionismus* liegen darin, sich in Nebensächlichkeiten zu verzetteln, Wesentliches zu übersehen oder es im Unwesentlichen untergehen zu lassen – und nicht zuletzt im Zeitmangel: Das Konzept wird nicht rechtzeitig fertig und wenn doch, dann ist es nicht optimal.

KOMPAKT *Beachten Sie das Pareto-Prinzip, das auch als 80:20-Regel bekannt ist: 20 Prozent des Arbeitsaufwandes erbringen bereits 80 Prozent des Erfolges! Umgekehrt tragen 80 Prozent der aufgewendeten Zeit – eben der Teil, der auf die Perfektionierung verwendet wird – nur zu 20 Prozent des Erfolges bei. Konzentrieren Sie sich daher auf diejenigen 20 Prozent, mit denen Sie den größten Teil der Arbeit erledigen können, und minimieren Sie denjenigen Anteil, der Ihre Arbeit zwar perfektioniert, aber das Endresultat nicht mehr wesentlich verbessert.*
In den folgenden Kapiteln lernen Sie Methoden und Werkzeuge kennen, mit denen Sie sich zeitsparend auf die erfolgsentscheidenden 20 Prozent Arbeitsaufwand konzentrieren können.

Lösen Sie sich vom Perfektionismus, indem Sie sich von überhöhten Ansprüchen an die Qualität Ihrer eigenen Arbeit verabschieden. Es genügt vollkommen, dass Sie eine Aufgabe gut bis sehr gut erledigen; das Resultat muss nicht perfekt sein. Wenn Sie mit angemessenem Arbeitsaufwand ein gutes Konzept erarbeiten, sparen Sie enorm viel Zeit, die

Sie sinnvoller in andere Aufgaben investieren können. Zeit bei der Konzepterarbeitung können Sie unter anderem dadurch sparen, dass Sie die Arbeit auf mehrere Schultern verteilen und Teilaufgaben an andere (Kollegen, Mitarbeiter und so weiter) delegieren.

Die Kehrseite des Perfektionismus ist die *Schlamperei* – sei es nun, dass diese aufgrund von Aufschieberitis, echtem Zeitmangel oder schlicht aus Kapitulation vor dem immensen, geradezu unüberschaubar großen Arbeitsaufwand eintritt.

Wer bei der Konzepterarbeitung oberflächlich arbeitet,
- beginnt zu spät mit den einzelnen Arbeitsschritten,
- sammelt zu wenige Informationen,
- liest die Informationen nur teilweise und nicht gründlich genug durch,
- trifft eine beliebige anstatt einer begründeten Auswahl aus seinen Informationen,
- hat Schwierigkeiten bei der Gewichtung der unterschiedlichen Fakten und interpretiert falsch oder oberflächlich,
- kommt zu falschen Schlussfolgerungen oder Entscheidungen,
- formuliert hastig sein Konzept aus, so dass es für den Leser nicht nachvollziehbar, schlecht oder wenig überzeugend formuliert oder voller Fehler ist.

Die Gefahren der Schlamperei liegen in einem unvollständigen, schlimmstenfalls unbrauchbaren Konzept, das diffus oder widersprüchlich ist, zu Fehlentscheidungen führt, zeitaufwendige Nachbesserungen erfordert oder bei der Zielgruppe nicht die gewünschte Akzeptanz findet.

Gutes Selbstmanagement bewahrt vor den beiden großen Zeitfallen Perfektionismus und Schlamperei. Planen Sie die Arbeit an Ihrem Konzept in Ihren Tages- und Wochenablauf mit ein und reservieren Sie sich feste Zeiten, zu denen Sie telefonisch nicht erreichbar sind und Ihr E-Mail-Programm schließen. Lassen Sie sich nicht von äußeren Einflüssen stören. Kalkulieren Sie deutlich mehr Zeit für die Vorbereitung ein – also für die kreative Ideenfindung, für Informationssammlung, -strukturierung und -interpretation – als für das Ausformulieren Ihres Konzeptes, also die Durchführung.

TIPP *Proper prior planning prevents poor performance. Die gute und gründliche Vorbereitung Ihrer Konzeptinhalte sollte etwa 60 bis 80 Prozent Ihrer Zeit in Anspruch nehmen, die Ausführung beziehungsweise Ausformulierung hingegen nur etwa 20 bis 40 Prozent.*

Warum? Meist wird der Aufwand der Informationsbeschaffung und -ordnung erheblich unter-, der Aufwand für das textliche Formulieren aber erheblich überschätzt. Man glaubt, bereits alles Wesentliche zu wissen, und beginnt, das Konzept zu schreiben. Währenddessen stellt man plötzlich fest, dass noch wichtige Fakten fehlen, ohne die das Gesamtbild unvollständig wäre oder es zu unerklärlichen Widersprüchen käme.

Nun beginnen die Nachrecherchen, und es werden erneut Informationen zusammengetragen. Der sich aus den neuen Fakten ergebende Gesamteindruck lässt alles bereits Ausformulierte inhaltlich hinfällig erscheinen, so dass nun auch der Text noch einmal neu geschrieben werden muss – und so fort.

Mehrfache „Schleifen" zwischen Recherchieren, Strukturieren und Formulieren beziehungsweise Vorbereitung und Ausführung zeugen von einem unsystematischen Arbeitsstil und erhöhen unnötig den Zeitaufwand. Die Wiederholung von Arbeitsvorgängen lässt sich auch unter Zeitdruck durch gekonnte Recherche, Strukturierung und Gewichtung der benötigten Informationen vor Beginn der Schreibphase vermeiden.

Zweites Problem: „Es ist viel zu viel"

„Ich habe viel zu viele Unterlagen, aber viel zu wenig Zeit, um alles zu lesen und wirklich durchzuarbeiten." Oder: „Es ist viel zu viel Material und Stoff, als dass ich alles gleichzeitig im Kopf behalten und in eine wirkliche Übersicht bringen könnte."

Stopp! Hier lauert schon die nächste Demotivationsfalle: Müssen Sie wirklich alles lesen und durcharbeiten? Und müssen Sie *alles* zugleich im Gedächtnis jonglieren? Die Antwort lautet eindeutig: Nein!

Zwar sind wir es von unserem Schul- und Ausbildungssystem her gewohnt, alles Punkt für Punkt lesen und dann möglicherweise auch noch auswendig lernen zu müssen, doch das ist Schnee von gestern! Mit diesem antiquierten Arbeitsstil kommen Sie heute im Zeitalter von permanenter Informationsüberflutung und Highspeed-Management nicht mehr weiter, sondern landen in einer Sackgasse unerledigter, halb fertiger Aufgaben, die Ihnen Energie abziehen.

Machen Sie sich frei vom alten Arbeitsparadigma – es gibt effizientere Methoden, die weder Ihre Lesekapazität übersteigen, noch Ihr Gehirn überlasten, Sie aber trotzdem der Informations- und Stoffflut Herr werden lassen. Sie lernen sie in den folgenden Kapiteln kennen.

Drittes Problem: „Ich blicke nicht durch"

„Mit der Stofffülle habe ich keine Probleme, aber wie soll ich die unterschiedlichen Fakten zueinander in Beziehung setzen und dann interpretieren? Meine Unterlagen sind inhaltlich so heterogen, dass ich befürchte, keinen Durchblick zu bekommen."

Insbesondere, wenn eine Sachlage widersprüchlich und unklar zu sein scheint, ist es nicht einfach, daraus ein stimmiges Bild und ein schlüssiges Konzept zu entwickeln. Ein weiteres Problem besteht in der Komplexität vieler Sachverhalte. Komplexität ist nicht zu verwechseln mit Kompliziertheit. „Kompliziert" heißt einfach „schwierig"; „komplex" jedoch bedeutet „vielschichtig, eine Vielzahl unübersichtlicher Wechselbeziehungen bildend, miteinander vernetzt, ein System bildend".

TIPP *Viele Sachverhalte sind heute nicht nur kompliziert, sondern auch komplex – aber trotzdem handhabbar.*

Auch für das Abwägen und Interpretieren unterschiedlichster Informationen gibt es qualitativ bewertende wie quantitativ messende Methoden, zum Beispiel die Morphologische Matrix und den Papiercomputer, die in diesem Buch vorgestellt werden. Entspannen Sie sich also, und lassen Sie sich nicht schon vor Beginn von Scheinproblemen demotivieren!

Viertes Problem: „Ich bin nicht kreativ"

„Ich bin richtig gut darin, Informationen zu recherchieren, zu verarbeiten und meine Erkenntnisse zu verarbeiten, aber mir fallen einfach keine neuen Ideen zur Lösung von Problemen ein. Irgendwie komme ich auch nur wieder auf dieselben Ideen, die schon andere vor mir hatten."

Kreativität ist nichts, das der eine hat und der andere nicht hat. Jeder Mensch ist kreativ und hat in seinem Leben schon viele Einfälle und innovative Ideen entwickelt – oft dann, wenn er am wenigsten damit rechnet. Häufig besteht das Kreativsein lediglich in einer neuartigen *Verknüpfung* bereits vorhandenen Wissens – darin, dass man Sachverhalte aus neuen Perspektiven betrachtet, ungewöhnliche Fragen stellt oder „um die Ecke" denkt.

Um die Kreativität zu wecken, gibt es verschiedene Methoden. Mit denjenigen, die Sie in den folgenden Kapiteln beschrieben finden, lernen Sie, wie Sie gezielt quer, um die Ecke oder in sonstigen schiefen Bahnen denken. Und nicht nur das – der Einsatz dieser Methoden macht auch noch Spaß!

Zusätzlich hilft es, mit anderen Menschen gemeinsam – mit Kollegen beispielsweise – kreative Ideen zu entwickeln, denn wie in vielen anderen Lebensbereichen auch, so gilt für die Kreativität das Gesetz der großen Zahl: Es kommt vor allem darauf an, erst einmal möglichst *viele* Ideen zu erzeugen, um aus ihnen dann die beste(n) und innovativste(n) herauszufiltern.

Übrigens: Druck – und sei es nur der selbst erzeugte Druck, Glanzleistungen präsentieren zu müssen – hemmt jegliche Kreativität sehr zuverlässig. Tappen Sie nicht in diese Demotivationsfalle!

Fünftes Problem: „Ich kann nicht schreiben"

„Wenn ich daran denke, dass ich einen langen Text sprachlich ausformulieren muss, dann vergeht mir jede Lust am Erarbeiten des Konzeptes. Schon in der Schule konnte ich nicht gut schreiben."

In der Tat rührt die Angst vor dem leeren Blatt häufig von unangenehmen Erfahrungen in der Schulzeit her, die oft ein Leben lang prägend wirken. Machen Sie sich frei davon! Jeder kann schreiben, und niemand erwartet einen schriftstellerisch vollendeten, sondern lediglich einen lesbaren, brauchbaren Text von Ihnen. Für das flüssige, klare, strukturierte und überzeugende Ausformulieren von Texten gibt es einige einfache Methoden und Regeln, die Sie unabhängig von Ihrem Schreibtalent jederzeit anwenden können.

Nachdem wir nun die fünf Scheinprobleme entlarvt haben, stelle ich noch einmal die Frage: Worin liegt das Problem bei der Erarbeitung Ihres Konzeptes?

Das wirkliche Problem

Das wirkliche Problem besteht darin, dass Sie sich – bevor es losgeht –, zunächst einmal über Ihre Aufgabenstellung klar werden müssen: Mit welcher Zielsetzung erarbeiten Sie Ihr Konzept? Welche Bedingungen oder Voraussetzungen sind zu beachten?

Nehmen wir an, Ihre Aufgabe besteht darin, eine Werbekampagne für ein neues Softwareprodukt zu erarbeiten. Das Ziel könnte in diesem Fall lauten: „Das Konzept soll alle Elemente des Distributionsmix beleuchten und die Erfolg versprechendsten ausfindig machen." Eine Bedingung könnte lauten: „Der Werbeetat darf zwei Millionen Euro nicht überschreiten."

*Formulieren Sie das Ziel Ihres Konzeptes sowie alle damit verbundenen Bedingungen präzise und vollständig aus, und zwar **schriftlich**. Auf diese Weise haben Sie das Wesentliche Ihrer Aufgabe jederzeit vor Augen. Dies ist besonders wichtig, wenn Sie in der Vielfalt der Informationen und der Komplexität der einzelnen Arbeitsschritte zwischendurch zu „ertrinken" drohen.*

Ein Konzept ist zumeist nicht Selbstzweck, sondern verfolgt ein *übergeordnetes* Ziel; es wird zum Beispiel erstellt, um als Informationsgrundlage für weitere Arbeitsschritte zu dienen. Formulieren Sie nun auch das höhere Ziel schriftlich aus. Im Falle der Werbekampagne könnte das übergeordnete Ziel lauten: „Das Konzept dient als Entscheidungsgrundlage für das Meeting mit der Werbeagentur am 20. Februar."

Überlegen Sie nun, ob Sie noch weitere Ziele mit Ihrem Konzept verfolgen. Es kann sich hier beispielsweise um persönliche Ziele handeln, die nicht unmittelbar mit der Arbeitsaufgabe in Verbindung stehen, aber dennoch wichtig sind. Im Falle des Werbekonzeptes könnte das Ziel heißen: „Ich möchte mit meinem Konzept die Werbeagentur überzeugen und für die von mir gefundene Lösung gewinnen. Mit dem Konzept möchte ich mich als Leiter der Werbekampagne empfehlen."

TIPP

Halten Sie sich nicht mit Scheinproblemen auf, mit denen Sie letztlich nur unnötig Ihre Fähigkeiten in Frage stellen. Konzentrieren Sie sich auf das Wesentliche Ihres Konzeptes, nämlich:

- *Das unmittelbare Ziel: Welches Ziel verfolgt Ihr Konzept? Welche Bedingungen und Voraussetzungen müssen Sie dabei beachten?*
- *Das übergeordnete Ziel: Welchem unternehmerischen Zweck dient Ihr Konzept?*
- *Das persönliche Ziel: Was wollen Sie mit dem Konzept für sich beruflich oder persönlich erreichen?*

Informationen recherchieren und zusammenstellen

Der Sammlung von Informationen, häufig der erste Schritt, kommt die größte Bedeutung zu. Wenn Sie hier die Weichen falsch stellen, ist die Qualität Ihres Konzeptes ernsthaft in Frage gestellt. Falsche oder unvollständige Informationen als Basis können zu falschen Schlussfolgerungen, falschen Alternativen, Fehlentscheidungen oder einer unzureichenden Problemlösung führen – Ihr Konzept würde damit wertlos. Daher hat die Auswahl der Informationen einen hohen Stellenwert.

Das Perspektivendiagramm

Wenn Sie sich einem Thema nähern wollen, das Sie sich neu erarbeiten und erschließen müssen, dann ist das Perspektivendiagramm (entwickelt von Gabi Reinmann und Martin J. Eppler) ein gutes Instrument. Es hilft Ihnen, sich einerseits einen Überblick über das Wissen zu verschaffen, das Sie bereits darüber haben, und andererseits zu eruieren, was Sie alles zum Thema noch wissen wollen. Außerdem haben Sie die Möglichkeit zu reflektieren, was Ihnen am Thema gut gefällt und was Sie konkret daran stört – ein nicht zu vernachlässigender Faktor bei der Arbeit an einem Konzept!

KOMPAKT *Mit dem Perspektivendiagramm verbinden Sie neues Wissen mit bereits vorhandenem Wissen. So nehmen Sie Informationen schneller und dauerhaft auf.*

Um ein Perspektivendiagramm zu zeichnen beziehungsweise zu schreiben, reicht im Prinzip ein Blatt Papier aus. Sie können es aber auch mit Ihrem Textverarbeitungsprogramm erstellen.

Die Vorgehensweise ist sehr einfach:

- Schreiben Sie in die Mitte des Blattes das zentrale Thema oder Wissensgebiet, um das es Ihnen geht, beispielsweise „Methoden des Projektmanagements".
- Teilen Sie das Blatt nun in vier Zonen ein, indem Sie zwei diagonale Linien einziehen.
- Notieren Sie im Bereich über der Mitte, was Sie alles über das Thema wissen wollen.
- Notieren Sie im unteren Bereich, was Sie schon wissen, und die jeweilige Quelle dazu (Internet, Fachliteratur, Kollegen-Know-how, eigene Erfahrung).
- Listen Sie nun im linken Bereich alles auf, was Sie am Thema stört, sowie Ihre negativen Erwartungen.
- Im rechten Bereich notieren Sie alles, was Ihnen an diesem Thema gefällt, sowie Ihre positiven Erwartungen.

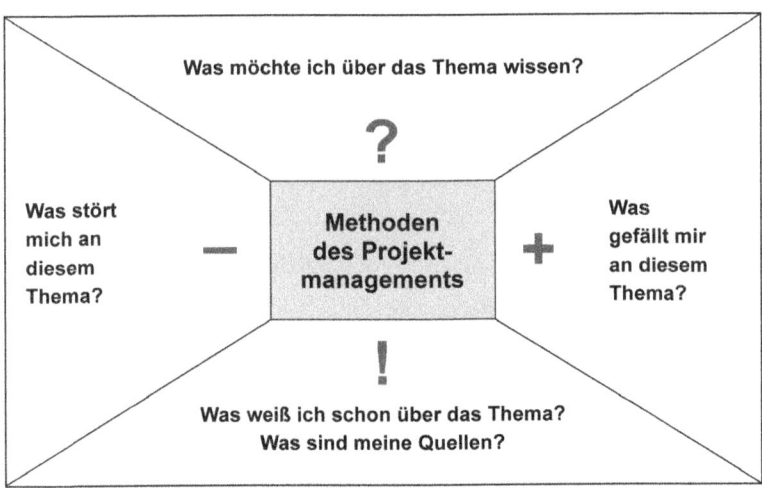

Mit dem Perspektivendiagramm bewerten Sie Ihren eigenen Wissensstand zu einem Thema

TIPP *Unter Umständen fällt Ihnen am Anfang nicht allzu viel ein, das Sie über das Thema wissen wollen. Denn es ist Ihnen vielleicht noch gänzlich unbekannt, und viele Fragen dazu ergeben sich erst nach und nach im Zuge Ihrer Recherchen. Ergänzen Sie darum das Perspektivendiagramm auch während Ihrer Recherche regelmäßig.*

Richtig recherchieren

Angesichts der vielen Recherchemöglichkeiten und der Flut der Dokumente und Inhalte, die mittlerweile nicht nur via Internet zugänglich sind, würde so mancher am liebsten schon vor Beginn kapitulieren. Aber auch der Rechercheprozess lässt sich so strukturieren, dass die einzelnen Schritte übersichtlich werden und nicht mehr wie ein großer unüberwindlicher Berg erscheinen.

KOMPAKT **Schritt 1:** Das Ziel Ihres Konzepts und die damit verbundenen Bedingungen haben Sie bereits schriftlich ausgearbeitet. Leiten Sie nun mit Hilfe des Perspektivendiagramms ab, was Sie über das Thema wissen wollen.
Schritt 2: Sammeln Sie die Informationen und passen Sie gegebenenfalls das Perspektivendiagramm immer wieder Ihrem Erkenntnisstand an.

Es gibt unterschiedliche Arten der Recherche:
- Die *wissenschaftliche* Recherche umfasst in der Regel das Lesen und Auswerten der einschlägigen Fachliteratur zu einem Thema oder einem Fachgebiet. Dazu sind Bibliothekskataloge, die sich heute auch per Internet sehr gut aufsuchen lassen, eine gute Hilfe.

- Die *journalistische* Recherche bezieht neben der Fachliteratur eine Vielzahl weiterer Quellen mit ein: Augenzeugenberichte, Pressemitteilungen, Experteninterviews und natürlich das Internet.
- Die Recherche im *Internet* schließlich dürfte für Sie und Ihre Aufgabe, ein Konzept zu erstellen, relevant sein, insbesondere zur Ermittlung aktueller Informationen als Ergänzung zu Ihren übrigen Quellen.
- Die *unternehmensinterne* Recherche bezieht die in Ihrem Hause vorhandenen Informationen, Dokumente, Protokolle und Know-how-Träger mit ein. Gut, wenn Sie auf Wissensdatenbanken im Intranet zurückgreifen können.

Die Internet-Recherche

Jeder, der viel im Internet surft, weiß, welche Tücken diese Form der Suche nach Informationen hat: Auf eine einzige Suchmaschinenanfrage erhält man Tausende von Treffern; aus der Kurzbeschreibung der Treffer wird man oft nicht schlau und schaut sich deswegen nur die ersten zehn an, weil man davon ausgeht, sie seien relevant, da an erster Stelle gelistet. Dann klickt man sich von Link zu Link, wobei man leicht vom Thema abdriftet. Frustriert über die geringe Ausbeute wirft man zwischendurch einen Blick ins Lieblingsnachrichtenportal, ruft überflüssigerweise zum 20. Mal die E-Mails ab und blickt schließlich irgendwann auf die Uhr, um entsetzt festzustellen, dass man schon eineinhalb Stunden sucht, ohne etwas gefunden zu haben, das einen weiterbringt. Erkenntnisgewinn gleich null.

Vermeiden Sie unter allen Umständen zielloses Herumsurfen im Internet und lassen Sie sich nicht ablenken von eingehenden E-Mails oder der Lektüre „zufällig" gefundener Websites und Informationen, die zwar für Ihre Arbeit generell nützlich, aber für Ihr Konzept vollkommen gleichgültig sind. Setzen Sie sich ein zeitliches Limit für die Internet-Recherche und beschäftigen Sie sich während der reservierten Zeit ausschließlich mit Ihrem Konzeptthema.

Ein großes Problem bei der Internet-Recherche ist, dass die Qualität der gelisteten Treffer nicht auf den ersten Blick ersichtlich und auch oft fragwürdig ist. Schließlich kann jeder buchstäblich alles im Internet veröffentlichen, und sei es noch so sehr an den Haaren herbeigezogen. Viele private Websites und Blogs liefern Informationen, die falsch oder überholt sind. Manche gesponserte Links führen in die Irre, und kommerzielle Websites liefern einseitige, werblich gefärbte Informationen.

Wenig repräsentativ sind oft auch die Rechercheergebnisse, die die beliebteste aller Suchmaschinen, Google, liefert. Google kann anhand der IP-Nummer der Rechner alle Internetwege nachvollziehen, die die Nutzer gehen. Auf diese Weise entstehen Profile der Surfgewohnheiten, aus denen wiederum Rückschlüsse auf die Konsumgewohnheiten gezogen werden können. Daran ist die Werbewirtschaft brennend interessiert. Und so werden einem Internet-Nutzer bei seiner Anfrage zu einem bestimmten Thema eben nicht automatisch die für ein Thema relevantesten Informationsquellen angezeigt, sondern vielmehr die Top-Treffer, die den auf ihnen werbenden Firmen am meisten nützen.

Die Tatsache, dass ein Rechercheergebnis auf dem ersten Platz bei den Google-Treffern erscheint, bedeutet nicht automatisch, dass die Quelle auch wirklich seriös und relevant ist!

Die folgende Checkliste gibt Ihnen Anhaltspunkte, wie Sie Internet-Quellen schnell und seriös bewerten können:

- ❑ Ist die Seite aktuell? Funktionieren die Links oder führen sie ins Nirgendwo?
- ❑ Ein Blick ins Impressum zeigt: Wer ist der Autor oder verantwortliche Herausgeber der jeweiligen Website? Ist er erkennbar als Experte qualifiziert? Legt er seine Quellen offen?
- ❑ Wer betreibt die Website? Ein Unternehmen, ein Fachinformationsdienst, eine Forschungsinstitution oder eine Privatperson?
- ❑ Gibt es viel Werbung auf der Seite und ist sie deswegen eher als kommerziell denn als sachlich-informativ einzustufen?
- ❑ Ist eine Suchfunktion eingebunden?
- ❑ Ist die Gestaltung der Website professionell oder sieht sie eher „handgestrickt" aus? Strotzt sie vor Fehlern? Ist der Text gut strukturiert und leicht lesbar? Sind die Grafiken reine Dekoration oder ergänzen sie den Inhalt sinnvoll?

Ist Ihre Recherche im Internet an irgendeinem Punkt ins Stocken oder in eine Sackgasse geraten, gibt es mehrere Möglichkeiten, sie wieder in Schwung zu bringen und neue Ergebnisse zu generieren:

- Verwenden Sie andere oder ergänzende Suchworte. Verwenden Sie eine Kombination von Suchworten. Schließen Sie auch Begriffe aus, die zu viele unbrauchbare Treffer generieren.
- Fügen Sie den Stichworten, die Sie für Ihre Suche bei den Suchmaschinen benutzen, den Zusatz „PDF" hinzu. Denn gerade im wirtschaftlichen Umfeld werden qualifizierte Hintergrundinformationen oft als *White-Papers* im PDF-Format veröffentlicht.

- Verlassen Sie sich nicht auf die ersten zehn Treffer bei Google, sondern beziehen Sie weitere Treffer und Trefferseiten mit ein. Surfen Sie sie Treffer zügig ab und klicken Sie *sofort* weiter, wenn Sie nichts Brauchbares finden.
- Beschränken Sie sich nicht auf Google, sondern beziehen Sie zusätzliche Suchmaschinen (zum Beispiel *www.alltheweb.com, www.altavista.com, www.paperball.de*), Metasuchmaschinen (zum Beispiel *www.metacrawler.com, www.search.com*), Kataloge (zum Beispiel *www.ubka.uni-karlsruhe.de*) und Datenbanken (zum Beispiel *www.nexis.com, www.genios.de, www.fiztechnik.de, www. dialog.com, www.inforunner.de*) mit ein.
- Nutzen Sie Ihr soziales Umfeld. Fragen Sie Kollegen und Vorgesetzte, ob sie sich mit Ihrem Thema auskennen und Ihnen weitere Hinweise geben können. Möglicherweise kennen Ihre Kollegen auch weitere Ansprechpartner oder einen Experten zu Ihrem Thema, den Sie um Hilfe bitten können.
- Wenn gar nichts mehr geht: Es gibt professionelle Recherchedienstleister, die Zugriff auf Ihnen möglicherweise nicht zugängliche Quellen haben. Deren Beauftragung kostet zwar Geld, spart Ihnen aber wertvolle Zeit, die Sie spätestens bei der inhaltlichen Ausarbeitung Ihres Konzepts dringend brauchen.

*Unter www.werle.com/intagent und **www.recherchefibel.de** finden Sie weitere Hinweise, wie Sie Ihre Internet-Recherche effektiv gestalten.*

Alle Informationsquellen ausschöpfen

Haben Sie Ihrer Ansicht nach alle zugänglichen Quellen angezapft und eine Stoffsammlung angelegt, dann vergewissern Sie sich, bevor Sie fortfahren, ob Sie im Besitz aller *notwendigen* und *relevanten* Unterlagen und Informationen für Ihr Konzept sind. Prüfen Sie anhand der folgenden Tabelle formal, ob Sie alle wichtigen Informationsquellen ausgeschöpft und erschlossen haben oder ob wesentliche fehlen.

Informationsquelle	Information
Informationen aus dem eigenen Tätigkeitsbereich im Unternehmen	Berichte, Kalkulationen, Briefings, Gutachten, Entscheidungsvorlagen, Notizen, Meeting-Protokolle
Informationen aus dem gesamten Unternehmen	Bilanzen, Geschäftsberichte, Umfrageergebnisse, Businesspläne, Strategien, Studien, Marktforschungsergebnisse, Wissensdatenbanken des Unternehmens (Intranet)
Individuell von Ihnen zusammengestellte Quellen	Interviews, Ansichten, Meinungen, Statements, Informationen über die Konkurrenz, Kollegen- und Mitarbeiter-Know-how, Dateiensammlung auf Ihrem PC, Briefe, E-Mails
Allgemein zugängliche öffentliche Quellen	Fachbücher, Zeitschriften, Branchenstatistiken, Mediadaten, Verbands-, Vereins- und IHK-Informationen, Internet: Informationen aus Datenbanken, (Meta-)Suchmaschinen, Katalogen

Haben Sie alle Informationsquellen ausgeschöpft?

Die verschiedenen Informationsquellen

Die meisten Menschen haben die Gewohnheit, immer wieder auf die gleiche Weise und bei den gleichen Quellen Informationen zu sammeln, was jedoch zu einer einseitigen Meinungsbildung führen kann. Ein typischer Fehler besteht zum Beispiel darin, sich nur auf firmeninterne Informationen zu beschränken. Besonders im unternehmerischen Kontext führt dies häufig zur *Betriebsblindheit*, die Fehlentscheidungen verursacht, weil die Markt- und Wettbewerbssituation nicht genügend berücksichtigt wurde. Wenn Sie zum Beispiel eine Werbekampagne für ein Softwareprodukt ausarbeiten, wäre es ein kardinaler Fehler, sich nicht zu informieren, wie und auf welche Weise die Konkurrenz ihre Produkte auf dem Markt platziert hat. Es wäre ebenso ein Fehler, nur auf die Meinung von Experten einer bestimmten Ausrichtung (zum Beispiel IT-Spezialisten in Ihrem Hause) zu bauen, jedoch andere Leute und deren Ansichten, gegebenenfalls auch Produktlaien (zum Beispiel Anwender der Software, Marketingexperten), außer acht zu lassen.

TIPP *Durch vielfältige Informationskanäle beugen Sie einer einseitigen Beurteilung der Sachlage vor.*

Wer umgekehrt die Neigung hat, externe Quellen heranzuziehen, ohne im eigenen Unternehmen zu recherchieren, läuft Gefahr, dass *aneinander vorbei gearbeitet* oder Zeit damit vergeudet wird, Sachverhalte zu recherchieren, die bereits andere Kollegen in Ihrem Hause zusammengetragen haben. (Man denke an den Spruch: „Wenn das Unternehmen wüsste, was das Unternehmen schon alles weiß!") Entwickelt etwa nicht nur die Marketing-, sondern auch die Vertriebsabteilung bereits ein Werbekonzept, so ist es dringend erforderlich, sich untereinander über den Stand zu informieren und abzusprechen.

Verfallen Sie nicht in den Fehler, stets denselben Rechercheweg einzuschlagen. Passen Sie Ihren Suchradius dem jeweiligen Konzept und seinem Ziel flexibel an, um das bestmögliche Ergebnis zu erzielen. Berücksichtigen Sie sowohl interne wie externe Quellen als auch „harte" wie „weiche" Informationen. Persönliche Ansichten und Meinungen von Kollegen, Fachspezialisten, Laien und so weiter sind heute vielfach genauso wichtig – oder sogar wichtiger – als harte Fakten.

Haben Sie bisher noch nicht alle notwendigen Unterlagen zusammengetragen, so überlegen Sie, wie Sie schnellstmöglich Ihre Informationslage optimieren können. Erstellen Sie eine Aufgabenliste:

- Was genau fehlt noch, und woher bekommen Sie es am schnellsten, auch wenn es nicht Ihr üblicher Rechercheweg ist?
- Kann zum Beispiel ein Telefonat oder eine E-Mail weiterhelfen?
- Welche Person(en) kennt (kennen) sich thematisch am besten in dem betreffenden Bereich aus? Wen können Sie um Hilfe bitten?
- An wen können Sie Teilaufgaben der Recherche gegebenenfalls delegieren?

Setzen Sie ein *Zeitlimit* für die Informationsrecherche. Klare Fristen sorgen dafür, dass sich die Recherche nicht unvorhergesehen in die Länge zieht. Legen Sie fest, wer bis wann bei Ihnen welche Informationen abliefern soll.

Haben Sie alle Informationen zusammengetragen, sind Sie möglicherweise der Verzweiflung nahe, denn jetzt stapeln sich fünfzehn bis zwanzig Berichte, drei CDs, fünf Aktenordner mit unsortierten Artikeln, Gutachten und Statistiken in Ihrem Arbeitszimmer, ganz zu schweigen von 32 wichtigen Dateien auf Ihrem PC, die noch nicht ausgedruckt sind, sowie den vier Fachbüchern, die Sie noch immer nicht gelesen haben. Diese Situation ist heute im Zuge des allgemeinen *Information-Overload* völlig normal!

Die Informationen organisieren

Der nächste Schritt besteht darin, dass Sie all Ihre verschiedenen Unterlagen *an einem Ort versammeln*, am besten auf einem separaten Tisch oder an einem besonderen Platz Ihres Arbeitszimmers. Das klingt zwar trivial, ist es aber ganz und gar nicht. Denn manche Unterlagen sind vielleicht nicht in Ihrem Zimmer, sondern in dem eines Kollegen oder schlummern noch im Archiv oder Intranet, aus dem sie erst hervorgeholt werden müssen. Andere Unterlagen sind möglicherweise noch bei Ihnen zu Hause anstatt im Büro oder liegen auf dem Stapel „Unerledigtes", weil Sie bisher nicht zum Lesen gekommen sind. Weitere wichtige Informationen sind in irgendwelchen Ordnern abgeheftet, weil sie gerade in einem anderen Zusammenhang für ein anderes Projekt benötigt werden.

TIPP

Für alle Unterlagen, die nicht unmittelbar in Ihrem Arbeitszimmer vorhanden und greifbar sind, gilt: „Aus den Augen, aus dem Sinn!" Was Sie nicht direkt vor Augen haben, werden Sie bei der Ausarbeitung Ihres Konzeptes schlicht vergessen und gar nicht berücksichtigen! Daher ist die Sammlung aller Informationen an einem klar abgegrenzten Ort unerlässlich.

Zur Organisation Ihrer Unterlagen gehört ebenfalls, dass alle vorhandenen Informationen *schriftlich ausgedruckt* vorliegen und damit lesebereit und fertig für eine weitergehende Bearbeitung sind. Mit Diktierbändern oder akustischen Mitschnitten (WMA-Dateien) können Sie nichts anfangen, wenn Sie sich nur noch vage an das Aufgenommene oder die Gespräche erinnern. Auch Dateien auf dem PC und CDs sind wahre *Blackboxes*, von denen Sie gar nicht wissen, was und wie viel sich in ihnen verbirgt, bevor sie nicht ausgedruckt vorliegen. Das komplette Ausdrucken aller Informationen können Sie übrigens sehr gut an geeignete Mitarbeiter delegieren und dadurch selbst Zeit sparen.

Sorgen Sie dafür, dass auf jedem Ausdruck stets die *Informationsquelle* vermerkt ist. Es nützt Ihnen nichts, wenn Ihnen beispielsweise mehrere kopierte Auszüge aus Büchern oder Marktforschungsstudien vorliegen, Sie aber später nicht mehr eruieren können, aus welchem Buch oder welcher Studie (Verfasser/Herausgeber, Titel, Erscheinungsjahr, -ort, Website beziehungsweise URL-Bezeichnung) die jeweilige Kopie stammt. Das nachträgliche Zuordnen von Einzelinformationen zu den vorhandenen Quellen frisst später, insbesondere bei der Ausformulierung des Konzeptes, unnötig viel Zeit, insbesondere dann, wenn Sie auf sehr viele Quellen zurückgreifen müssen.

Die Organisation der Informationen besteht aus vier Schritten:

1. *der Zusammenstellung an einem separaten Ort*
2. *der schriftlichen Aufbereitung beziehungsweise dem Ausdrucken aller Materialien*
3. *dem Vermerk der jeweiligen Quelle auf jeder Information und*
4. *dem Anlegen einer optisch übersichtlichen Ordnung.*

Nachdem Sie alle Informationen an einem Platz gesammelt haben, sollten Sie das Chaos nun auch optisch in eine *klare Übersicht* bringen, und zwar unabhängig davon, welche der Unterlagen Sie inhaltlich schon studiert haben. Verwenden Sie für gleichartige Informationen gleichartige Ordnungssysteme, gegebenenfalls auch unterschiedliche Farben.

Packen Sie zum Beispiel
- alle Informationen aus dem Internet in Aktenordner 1 mit der Farbe rot,
- alle Kalkulationen in Aktenordner 2 mit der Farbe grün,
- alle Mediadaten in Hängeregister A mit der Farbe gelb,
- alle Konkurrenzunterlagen in Hängeregister B mit der Farbe blau und so weiter.
- Oder differenzieren Sie verschiedene Themen und Unterthemen nach Farben.

Höchstwahrscheinlich werden Sie jetzt feststellen, dass es – Gott sei Dank – viel weniger Informationen sind, als Sie zuerst angenommen haben. Wenn Sie statt eines unübersichtlichen „Haufens" nämlich ein einheitliches Ordnungssystem haben, so reduziert sich die Menge der Unterlagen allein schon optisch ganz erheblich, was nicht nur die Arbeitsmotivation hebt, sondern auch Zeit bei der weiteren Bearbeitung spart. Und falls die Unterlagen immer noch recht umfangreich sein sollten, so trösten Sie sich mit dem Pareto-Prinzip: Mit 20 Prozent der Unterlagen werden Sie 80 Prozent Ihres Arbeitsergebnisses erzielen; es kommt nur darauf an, die richtigen 20 Prozent herauszufiltern.

Bei der Anlage des Ordnungssystems haben Sie wahrscheinlich festgestellt, dass Sie bereits einiges doppelt haben. Werfen Sie es sofort weg, um sich zu entlasten!

Nun haben Sie „reinen Tisch" gemacht: Alle benötigten Informationen liegen vollständig und in geordneter Weise vor. Jetzt kann es mit der inhaltlichen Arbeit am Konzept richtig losgehen.

Für das nächste Mal

Das Organisieren der benötigten Unterlagen ist eine Arbeit, die Sie zur eigenen Zeitersparnis fast hundertprozentig *delegieren* können, und zwar auch an Laien, die in Ihr Projekt nicht eingewiesen sind. Sie brauchen lediglich klare Aufgabenlisten mit Terminsetzungen für die betreffenden Personen anzulegen und regelmäßig zu überprüfen, ob die Arbeiten die gewünschten Fortschritte machen. Durch geschickte Delegation, zum Beispiel an Ihre Sekretärin oder einen Praktikanten, kommen Sie schneller zum Wesentlichen, nämlich der *inhaltlichen* Arbeit an Ihrem Konzept.

Informationen inhaltlich strukturieren und ordnen

Bisher haben Sie wahrscheinlich erst wenige oder noch gar keine Ihrer gesammelten Unterlagen wirklich gelesen, geschweige denn durchgearbeitet. Dies ist jetzt Ihre nächste Aufgabe. Doch *Achtung, Zeitfalle*! Gerade das Lesen und intensive Durchdenken einer Vielzahl einzelner Informationen kostet häufig mehr Zeit als eingeplant und ist im Tagesgeschäft neben den sonstigen Aufgaben konzentriert schwer zu bewältigen. Daher besteht die Gefahr, dass Sie sich bei diesem Arbeitsschritt, den Sie nicht delegieren können, verzetteln, indem Sie zu viel Zeit darauf verwenden, die Ihnen nachher bei der weiteren Ausarbeitung fehlt.

Rationelles Lesen

Entscheidend ist, dass Sie sich eine rationelle Lesemethode aneignen, die Sie vor dem ungeheuer zeitaufwendigen Wort-für-Wort-Lesen bewahrt. Es gibt mittlerweile zahlreiche Schnelllesemethoden wie das Photoreading oder Highspeed-Reading. Wenn Sie bereits eine solche Methode erlernt haben, sollten Sie sie unbedingt jetzt anwenden. Wenn nicht, dann helfen Ihnen die folgenden Ratschläge:

- Legen Sie eine Liste mit Stich- und Schlüsselwörtern an, auf die Sie beim Lesen achten sollten. Diese Wörter dienen Ihnen als Blickfokus, worauf Sie in den Texten besonders schauen müssen.
- Verwenden Sie Inhaltsverzeichnisse, Kapitelüberschriften, Zwischentitel, Grafiken und Anfänge von Textabschnitten, bei journalistischen und werblichen Texten *Teaser* (= oft fett gedruckte Einstiegssätze zu Textbeginn) als Orientierung, was lesenswert ist und was nicht.

- Lassen Sie Ihre Augen locker über die Zeilen gleiten, ohne mit dem Blick zurückzuspringen, wenn Sie etwas nicht verstanden haben. Was Ihnen unverständlich erscheint, übergehen Sie fürs Erste.
- Versuchen Sie, möglichst große Textabschnitte – zum Beispiel ganze Zeilen – auf einmal in den Blick zu nehmen, anstatt jedes Wort einzeln zu lesen.
- Manchen Menschen hilft es, beim Lesen ein Lineal zu verwenden, damit sie jeweils eine Zeile auf einmal und mit kontrollierter Geschwindigkeit lesen können. Eine andere Möglichkeit, das sogenannte Querlesen, besteht darin, jeweils das erste und das letzte Wort jeder Zeile mit den Augen zu fixieren. Vertrauen Sie darauf, dass Sie alles dazwischen Liegende ebenfalls geistig aufnehmen, auch wenn Sie sich nicht bewusst daran erinnern.
- Markieren Sie schon während des Lesens wichtige Begriffe oder Textabschnitte mit Leuchtmarker, gegebenenfalls auch in unterschiedlichen Farben für verschiedene Schlüsselbegriffe. Verwenden Sie verschiedenfarbige Klebezettel, um Wichtiges später wiederfinden zu können.
- Überfordern Sie sich nicht, indem Sie sich bemühen, das Gelesene auch im Gedächtnis zu behalten. Das ist nahezu unmöglich. Vertrauen Sie darauf, dass Ihnen während Ihrer weiteren Arbeit zur rechten Zeit das Richtige wieder einfällt. Behelfen Sie sich zum Beispiel mit Haftnotizzetteln und farbigen Markierungen mit Textmarker, um später Dinge, die Ihnen wichtig erscheinen, wiederzufinden.

Intensives Lesen sollte so rationell wie möglich geschehen, damit es nicht zur Zeitfalle wird. Setzen Sie sich Zeitfristen. Legen Sie zum Beispiel fest, dass Sie für jede Unterlage nicht mehr als zehn Minuten aufwenden, gleich ob es sich um ein Buch, eine ausgedruckte Datei, einen Bericht, eine Kalkulation oder ein anderes Dokument handelt. Treiben Sie sich ein wenig zur Eile an, und kontrollieren Sie Ihre Geschwindigkeit bei jeder Information mit einer Uhr, solange Sie sie noch nicht automatisch im Griff haben. Durch das klare Einhalten von Zeitfristen bewältigen Sie auch einen unüberschaubar großen „Informationsberg" in relativ kurzer Zeit, ohne sich zu verzetteln.

Vielleicht stellen Sie beim Lesen fest, dass es unter inhaltlichen Kriterien sinnvoller ist, die eine oder andere Information anders zu organisieren, als bisher geschehen, sie zum Beispiel in einem anderen Ordner abzuheften. Sinnvoll ist es, zentrale Informationen auch zentral in einem Ordnungssystem zu konzentrieren. Tun Sie dies *sofort* – oder lassen Sie die Neuorganisation von jemand anderem erledigen, wenn Sie die Möglichkeit zum Delegieren haben.

Sicher werden Sie beim Lesen auch feststellen, dass Sie etliche *überflüssige* oder *unbrauchbare* Informationen gesammelt haben, die Sie kaum oder gar nicht weiterbringen. Sortieren Sie diese Unterlagen vorläufig aus und legen Sie sie deutlich sichtbar an den Rand Ihres Ordnungssystems, ohne sie wegzuwerfen. Denn möglicherweise stellen Sie im weiteren Verlaufe Ihrer Arbeit fest, dass Sie die eine oder andere davon unerwartet dennoch benötigen.

Beschäftigen Sie sich intensiv mit der Lektüre Ihrer Informationen, so stellen Sie höchstwahrscheinlich nach einer Weile fest, dass sich die Informationen inhaltlich wiederholen. Die Lektüre weiterer Unterlagen scheint Ihnen keinen oder nur noch einen geringen Kenntniszuwachs zu bringen. Dies liegt daran, dass für den Informationsgehalt sämtlicher Unterlagen oftmals wiederum das Pareto-Prinzip gilt. Der Wissenszuwachs in einem Themengebiet verläuft häufig in einer typischen Kurve.

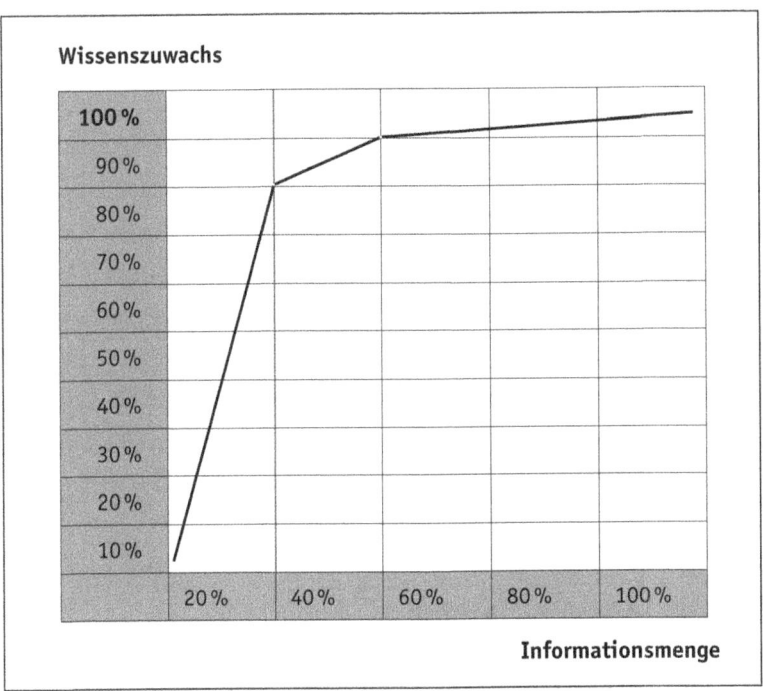

Der typische Verlauf des Wissenszuwachses in nahezu jedem Fachgebiet

Beginnen sich die Informationen zu wiederholen, so liegt dies oft nicht an einer oberflächlich durchgeführten Recherche, sondern an der 20:80-Regel: Aus 20 Prozent aller Quellen erzielen Sie einen hohen Wissenszuwachs, weil Sie überdurchschnittlich viel Neues erfahren. Bei den weiteren Quellen flacht jedoch der Informationszuwachs immer mehr ab, so dass Sie aus den restlichen 80 Prozent der Quellen bestenfalls noch 20 Prozent Neues erfahren.

Wenn Sie den Eindruck haben, dass Sie kaum noch neue Erkenntnisse aus Ihren Unterlagen gewinnen, haben Sie möglicherweise den Punkt erreicht, wo Sie Ihre Lektüre beenden können. Prüfen Sie durch kurzes Anlesen der verbleibenden Quellen, ob Sie noch Neues daraus erfahren können oder nicht. Falls nicht, schließen Sie den Prozess der Lektüre jetzt ab! Tappen Sie nicht in die Perfektionismusfalle, alle Quellen vollständig studieren zu wollen, nur weil Sie sie zuvor mit großem Aufwand zusammengetragen und recherchiert haben. Damit würden Sie unnötig Zeit vergeuden.

Konzeptkarten anlegen

Bevor Sie darangehen, Ihre Ergebnisse zu strukturieren und zu ordnen, wollen Sie sich möglicherweise über einzelne Themen, Bereiche oder Gedankengebäude (Theorien) einen kurzen Überblick verschaffen, damit Sie ungefähr einschätzen können, worum es überhaupt geht, und die Informationen nach der Lektüre inhaltlich einordnen können.

Dafür ist die Konzeptkarte gut geeignet. Mit ihrer Hilfe können Sie ein vielschichtiges Konzept oder abstrakte Ideen, hinter denen sich komplexe Zusammenhänge verbergen, strukturieren. Sie halten schriftlich Definition, Elemente, Beispiele und Konsequenzen der Idee fest und bekommen so einen ersten Überblick. (Diese Methode wurde ursprünglich als Lehr- und Lernmethode entwickelt, und zwar von Martin J. Eppler.)

Die Konzeptkarte ist hilfreich, um sich einen ersten Überblick über ein Thema oder Konzept zu verschaffen und sich einem definierten Gebiet erstmals inhaltlich anzunähern. Sie eignet sich nicht, um ein Thema oder Konzept in seiner ganzen Tiefe zu erfassen und zu durchdringen.

KOMPAKT

So funktioniert die Konzeptkarten-Methode Schritt für Schritt:

- Als Erstes schreiben Sie den Namen der Idee, der Theorie oder des Konzeptes auf, von dem Sie eine Vorstellung bekommen wollen.
- Legen Sie dann den Typ des Konzepts fest (zum Beispiel praktisch, wissenschaftlich, spekulativ), das Gebiet (zum Beispiel wissenschaftliche Disziplin, Industrie, Funktion) und den Anspruch (zum Beispiel beschreibend, handlungsanleitend, vorschreibend).
- Danach notieren Sie eine Definition des Konzepts, seine Elemente und Bedingungen sowie Beispiele dafür.
- In einem letzten Schritt halten Sie Konsequenzen und Handlungsempfehlungen fest, die sich aus dem Konzept ergeben.

Für die Konzeptkarte reichen im Prinzip ein Blatt Papier und ein Stift aus; Präsentations- und Textverarbeitungsprogramme eignen sich aber genauso gut dafür.

Projektmanagement

Typ: praktisch • Gebiet: Management • Anspruch: handlungsanleitend

Definition	Management von Projekten, sprich: Vorhaben, die zeitlich klar begrenzt sind, einen Start- und einen Endpunkt haben und gegenüber Routine-Tätigkeiten abgegrenzt werden können.			
Elemente und Bedingungen	Klare Zielvorgaben bei limitiertem Zeithorizont	Soziale Kompetenzen: Kommunikations- und Konfliktfähigkeit, Verhandlungsgeschick	Fachübergreifende Zusammenarbeit mehrerer Abteilungen	Begrenzte Personalressourcen
Beispiele	Forschungs- und Entwicklungsprojekt für ein neues Produkt	Auswahl eines neuen Betriebsstandortes	Einführung einer neuen Software	Verfassen und Veröffentlichen eines Buches
Konsequenzen/ Empfehlungen	• Alle Beteiligten müssen sich auf Neues einlassen • Hierarchie- und Konkurrenzdenken muss abgebaut werden • Die Projektorganisation muss genügend Ressourcen bekommen (Personal, Arbeitszeit und -mittel) • Eine gute Teamkultur muss gepflegt werden			

Eine Konzeptkarte zum Thema Projektmanagement

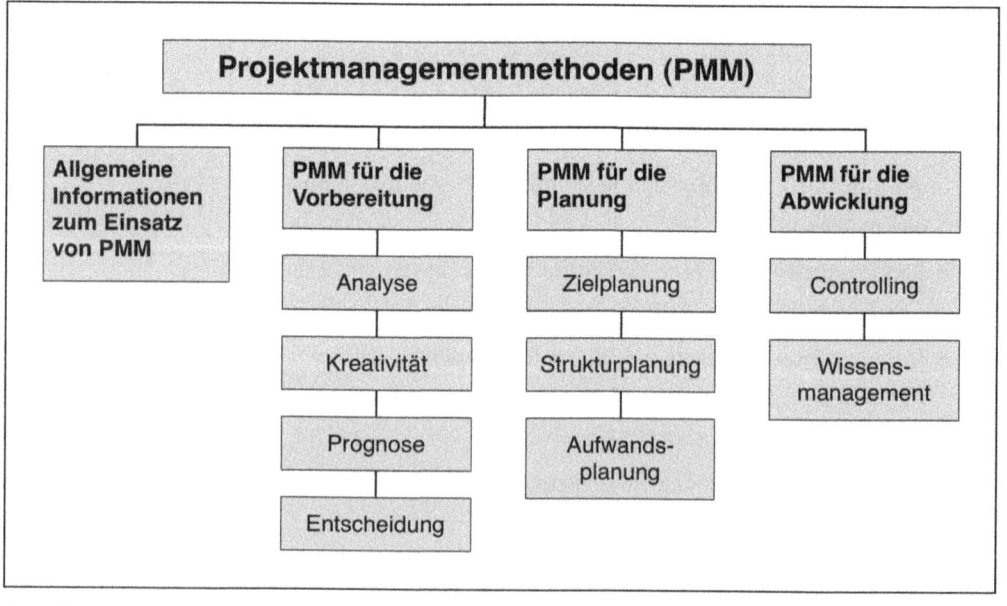

Klassifikation: Objekte zusammenfassen und gleichzeitig voneinander abgrenzen

Im Folgenden lernen Sie verschiedene Methoden kennen, um die gelesenen Informationen zu ordnen und zu strukturieren. Lassen Sie sich bei der Lektüre Ihrer recherchierten Informationen von folgenden Fragen leiten:

- Welches sind aus der Gesamtmenge aller Informationen die zentralen?
- Welche Informationen haben untergeordneten, welche übergeordneten Charakter?
- Welche unterschiedlichen Themenfelder und Ansatzpunkte kristallisieren sich heraus?
- Wie hängen die verschiedenen Themenbereiche miteinander zusammen? Wie sieht das Gesamtsystem aus?

Klassifikation – Ordnung im Informationschaos

Um Ihre Unterlagen zu strukturieren und sie in eine Ordnung zu bringen, ist es wichtig, sie in Bezug zueinander zu setzen, sie also zu klassifizieren oder zu systematisieren. Einzelnen abstrakten Klassen (die auch Kategorien genannt werden können) kann man jeweils Objekte oder Informationseinheiten zuordnen und dadurch eine Hierarchie erzeugen. Ziel ist es, die einzelnen Objekte einerseits voneinander abzugrenzen und andererseits ähnliche Objekte in Gruppen zusammenzufassen.

Klassifikationen oder Systematiken kommen in vielen verschiedenen Bereichen zum Einsatz, unter anderem in der Warenwirtschaft (Einteilung von Gütern in Warengruppen) oder im Bibliothekswesen (zur systematischen Aufstellung von Sachliteratur und Belletristik). Die Klassifikation muss sich jedoch nicht auf Gegenstände wie Waren oder Bücher beschränken, sondern kann sich natürlich auch auf ein Thema, einen Bereich oder – wie in Ihrem Fall – auf gesammelte Informationen für Ihr Konzept beziehen. Auch hier funktioniert die Klassifizierung nach demselben System: Ausgehend vom zentralen Thema „Projektmanagement-Methoden" – um das Beispiel des Perspektivdiagramms noch einmal aufzugreifen – könnten Sie Ihre Informationen klassifizieren, wie in der Abbildung 5 auf Seite 52 dargestellt.

Die Klassifikation legt den Schwerpunkt auf den streng hierarchischen Aufbau von Informationen, der sich jedoch nicht für jedes Thema eignet.

Um die zu Ihrem Thema passende Klassifikation zu entwerfen, dürften Papier und Stift ausreichen – oder Ihr Textverarbeitungs- oder Präsentationsprogramm, je nachdem, womit Sie lieber arbeiten.

Bei der Erstellung einer Klassifikation sind folgende Punkte wichtig:
- Überlegen Sie sich zuerst, nach welchem Prinzip Sie Gruppen bilden wollen: alphabetisch, chronologisch, thematisch oder nach Personen? Im Falle der Projektmanagement-Methoden wurde die Klassifikation chronologisch gemäß einem Prozess- beziehungsweise Projektablauf gewählt.
- Hat die Klassifikation klare hierarchische Ebenen? Überschneiden sich die einzelnen Klassen nicht?

Achtung: Auch die schönste Klassifikation hat ihre Grenzen! Vielleicht stellen Sie im Verlauf der weiteren Konzepterstellung an irgendeinem Punkt fest, dass die einmal entwickelte Klassifikation doch nicht passt, weil durch das hierarchisch gegliederte System gewisse Querverbindungen nicht ersichtlich werden. Zögern Sie dann nicht, Ihre Klassifikation zu überdenken oder sogar neu zu erstellen. Die im übernächsten Abschnitt dargestellte Methode der Conceptmaps ermöglicht eine vielschichtige Abbildung von Zusammenhängen und Beziehungen zwischen Themenbereichen.

Die KJ-Methode

Die KJ-Methode, die nach dem japanischen Anthropologen Jiro Kawakita benannt ist, dient der analytischen Durchdringung komplexer Probleme. Ziel ist es, die relevanten Problem- und Themenbereiche und ihre Verbindungen beziehungsweise Vernetzungen zu erfassen, ihre Zusammenhänge untereinander darzustellen und die Beziehungen zwischen den Teilbereichen offen zu legen. Auch Hypothesen lassen sich mit der KJ-Methode aufstellen.

Legen Sie für jede gelesene Einzelinformation ein Kärtchen an, auf dem Sie ein paar Stich- oder Schlüsselwörter zum Inhalt notieren. Statt einer Menge von Unterlagen in ganz verschiedenen Formaten und Medien wie Aktenordnern, Hängeregistern, CDs und so weiter haben Sie jetzt einen Stapel übersichtlicher Karteikarten im gleichen Format, so dass die Informationen sowohl optisch als auch materiell leichter handhabbar sind. Je nach Menge Ihrer Unterlagen können auf diese Weise durchaus zwei- bis dreihundert Karteikarten zusammenkommen.

Auf der Rückseite jedes Kärtchens notieren Sie die Quelle der jeweiligen Information und ihren Aufbewahrungsort (Buch: Autor, Titel, Jahr; Internetseite: www.xyz.de, PC-Datei: Festplatte/Ordner/Dateiname – und so weiter). Die Quellennotiz hilft Ihnen, die jeweiligen Informationen im Verlauf Ihrer weiteren Arbeit in ihrer vollen Länge jederzeit schnell wieder aufzufinden, ohne dass Sie erst lang suchen müssen.

Im nächsten Schritt breiten Sie alle Karten auf einer großen leeren Tischfläche aus, gegebenenfalls aus Platzgründen auch auf dem Fußboden. Nun bilden Sie kleine Stapel mit denjenigen Kärtchen beziehungsweise Informationen, deren Inhalte in enger Beziehung zueinander stehen; das können dreißig bis vierzig Stapel oder mehr werden, je nach Kartenmenge. Legen Sie für jeden Stapel ein Deckkärtchen an – am besten in einer anderen Farbe als die übrigen Kärtchen –, das den Inhalt des Stapels in einem Oberbegriff zusammenfasst.

Als Nächstes schauen Sie, welche Kartenstapel ähnliche beziehungsweise verwandte Inhalte haben, und verbinden diese wiederum mit einem gemeinsamen Oberbegriff auf einem separaten Deckkärtchen mit einer besonderen Farbe.

Jetzt sollte sich Ihr Informationsberg auf eine kleine Menge von circa sieben bis zehn Stapeln reduziert haben, so dass Sie darangehen können, die Beziehungen und Abhängigkeiten der Informationsstapel untereinander zu untersuchen. Die Beziehungen lassen sich beispielsweise durch räumliche Nähe von themenähnlichen Stapeln, in Form von Pfeilen, aber auch mit Hilfe neuer Karten in anderen Farben und/oder Formen optisch darstellen. Die gefundenen Beziehungen werden nun vertieft, indem einzelne Karten aus den Stapeln herausgenommen und wiederum miteinander in Beziehung gesetzt werden. An diesem Punkt können Sie dazu übergehen, Einzelinformationen intensiver zu lesen, falls es nötig sein sollte, aber verwenden Sie nicht zu viel Zeit darauf.

Mit der KJ-Methode können Sie eine komplexe „Themen- und Beziehungsland-
schaft" erstellen, die nicht hierarchisch gegliedert, sondern untereinander
vernetzt ist.

Nach der KJ-Methode ist nun in Papierform eine „Landschaft" entstanden, wie sie die folgende Abbildung 6 zeigt.

Mit Hilfe der KJ-Methode wird jede einzelne Information auf einer Karteikarte erfasst. Dies hilft Ihnen, unüberschaubare Mengen von Unterlagen in verschiedenen Formaten und Medien sowie inhaltlich heterogene Informationen handhabbar zu machen und erste Beziehungen zwischen den Informationen zu erkennen.

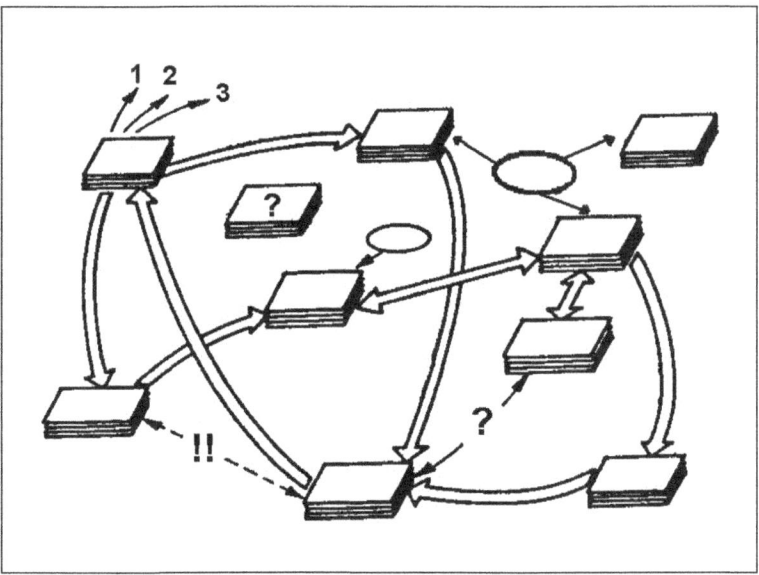

Eine Problem- oder Themenlandschaft nach der KJ-Methode

Die KJ-Methode endet an dieser Stelle bei den Kartenstapeln auf dem Tisch, ohne die Resultate schriftlich oder auf andere Weise festzuhalten. Die „logische" Fortsetzung sind die neueren Techniken des Mindmapping und des Conceptmapping, die die Informationen zur Weiterverarbeitung flexibel aufbereiten.

Mapping-Methoden

Mit den verschiedenen Mapping-Methoden können Sie Ihren Wissensstand zu einem bestimmten Thema oder einem Konzept visualisieren, und zwar unter Einsatz des räumlichen Orientierungssinnes. Er ermöglicht es uns, die einzelnen Punkte und Unterpunkte auf den Maps auseinanderzuhalten und damit nicht nur besser einzuprägen, sondern auch Beziehungen zwischen den einzelnen Punkten herzustellen und räumlich nachvollziehbar zu machen.

Zwei der am häufigsten eingesetzten Mapping-Verfahren sind das Mindmapping und das Conceptmapping. Beide wurden in den 70er-Jahren entwickelt, das Mindmapping von Tony Buzan, das Conceptmapping von Joseph D. Novak. Von beiden Methoden ist übrigens das Conceptmapping die wissenschaftlich besser belegte und umfangreicher untersuchte.

TIPP *Mapping-Methoden lassen sich nicht nur gut für die Arbeit an einem Konzept einsetzen, sondern auch für unterschiedliche Aspekte der Teamarbeit nutzen, beispielsweise für Brainstormings oder die Visualisierung von Diskussionen.*

Mindmapping

Beim Mindmapping wird mit Stich- beziehungsweise Schlüsselwörtern gearbeitet. Ein gut gewähltes Schlüsselwort bildet eine Art „Erinnerungshaken" im Gedächtnis, weil sich in ihm viele Informationen bündeln; es ruft eine vollständige Gedankenkette ins Gedächtnis. Als Schlüsselwörter werden in der Regel Nomen (Substantive) verwendet. Nehmen wir an, Sie erarbeiten ein Konzept für eine Werbekampagne, so könnten zum Beispiel Begriffe wie „Außendienst", „Anzeigenwerbung", „Directmailings" und „Produktnutzen" Schlüsselwörter bilden, unter denen sich eine Vielzahl weiterer und detaillierterer Informationen erfassen lassen. Möglich ist, dass Sie als Schlüsselwörter die Oberbegriffe Ihrer Karteistapel verwenden, die Sie nach der KJ-Methode erstellt haben.

Nun können Sie darangehen, Ihre Mindmap zu entwickeln. Nehmen Sie ein Blatt Papier im Querformat und schreiben in die Mitte das Schlüsselwort für das zentrale Thema Ihres Konzeptes, das Sie mit einem Kreis umschließen. Von diesem zentralen Wort ausgehend legen Sie nun mehrere Haupt- und Nebenäste in verschiedene Richtungen an, die Sie nach Belieben entwickeln können. Auf die einzelnen Äste schreiben Sie jeweils die Haupt- und Nebenstichwörter. Im Rahmen der Werbekampagne könnten beispielsweise Begriffe wie „Kundenresonanz", „Tausenderkontaktpreis" und „Mediadaten" Unterstichwörter unter dem Hauptstichwort „Anzeigenwerbung" sein.

Die ganze Mindmap sieht ähnlich aus wie ein Baum, wobei die „Verästelung" die Beziehungen zwischen den verschiedenen Themen- und Problembereichen sichtbar macht. Hilfreich ist es, wenn Sie die Hauptäste und die von ihnen abzweigenden Nebenäste in verschiedenen Farben kennzeichnen. Zusätzlich können Sie einen unerschöpflichen Vorrat

an Symbolen und Zeichen verwenden, um die Inhalte weiter zu veranschaulichen: Pfeile zwischen den Ästen, Fragezeichen, Ausrufezeichen,
Sterne, Klammern, Bilder aller Art, gegebenenfalls auch Fotos, Dreiecke,
Vierecke und was immer Ihnen sonst noch hilft, Beziehungen zu ver-
deutlichen und Wichtiges im Gedächtnis zu behalten.

In einer Mindmap haben Sie die wesentlichen Informationen für Ihr Konzept auf einen Blick (siehe Abbildung 7). Mit Hilfe einer Mindmap können Sie auf einem einzigen Blatt Papier das gesamte Informationsgefüge für Ihr Konzept über-sichtlich darstellen. Die Verwendung von Schlüsselwörtern hilft Ihnen, sich an wesentliche Informationskomplexe zu erinnern.

Häufig kommt es vor, dass Ihnen während des Mindmappings oder im
weiteren Verlauf Ihrer konzipierenden Arbeit Änderungen einfallen,
die in die Mindmap eingetragen werden müssten. Wenn Sie auf Papier
arbeiten, müssen Sie in diesem Fall wieder von vorne beginnen, um
Äste zu löschen oder zu verschieben.

Eine elegante Lösung besteht darin, Mindmaps am Computer zu erstellen. *MindManager* heißt das Softwareprogramm, mit dem Sie Ihre
Mindmaps am PC entwerfen und problemlos immer wieder ändern, korrigieren, erweitern oder kürzen können, ohne sie jedes Mal neu anlegen
zu müssen; zudem können Sie sie als Datei speichern und immer wieder
ausdrucken, eine Vielzahl von Symbolen und Grafiken einfügen sowie
mit vielen Farben und Schriftvarianten sauber arbeiten. Die Anschaf-
fung lohnt sich, falls Sie häufiger Konzepte erstellen müssen und Ihnen
die Methode zusagt.

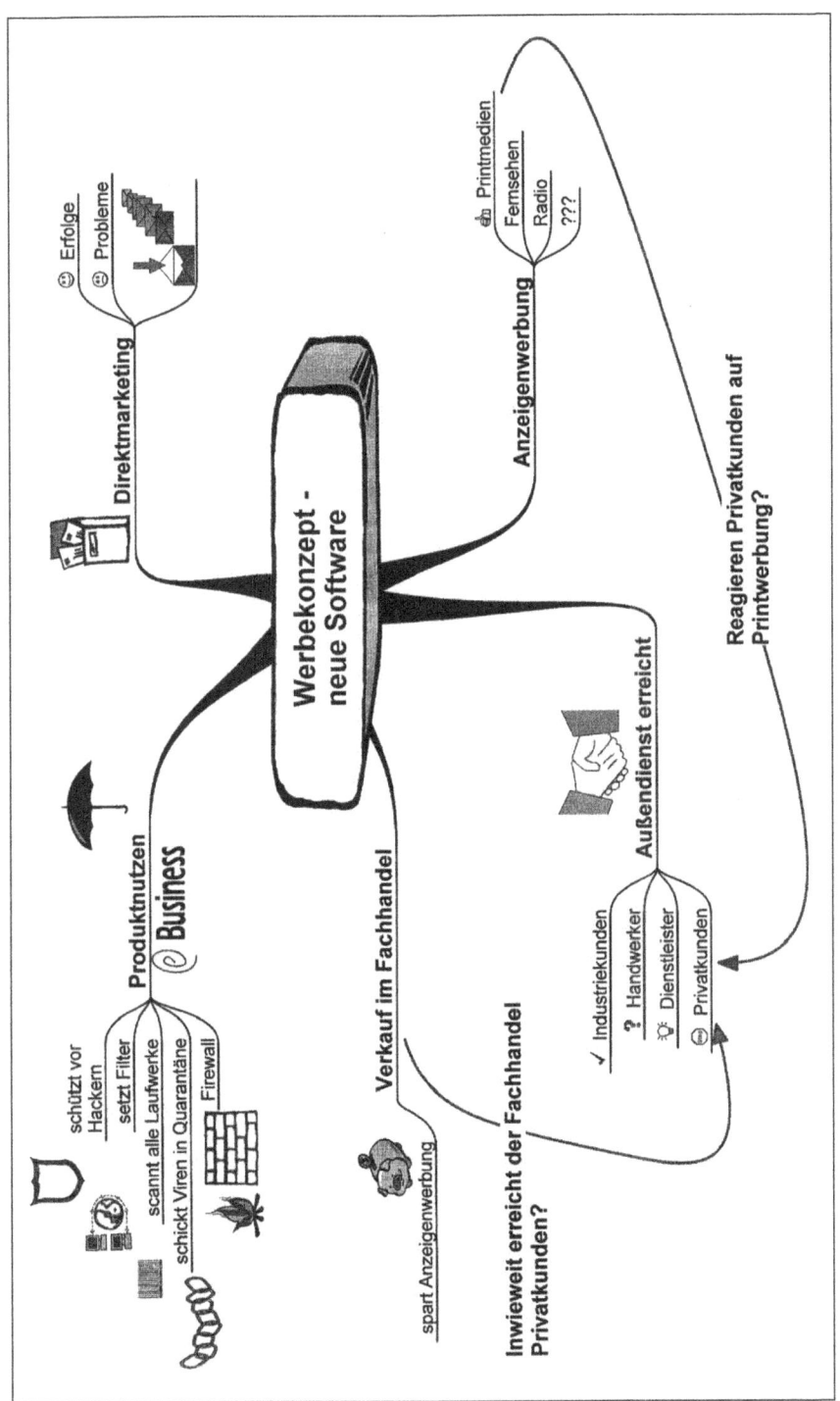

Eine Mindmap für ein Werbekonzept, im Original farbig

Die Software verleitet im Gegensatz zum handschriftlichen Entwurf dazu, Mind-maps inhaltlich mit zu vielen Ästen und Einzelinformationen zu überfrachten. Oft lässt sich dann der Computerausdruck einer Map auf einer Seite aufgrund der winzig kleinen Mikroschrift nicht mehr lesen; zudem ist eine überladene Mindmap kontraproduktiv, weil sie durch ihre Unübersichtlichkeit ihren an-gestrebten Nutzen, „alles auf einen Blick" zu haben, verliert. Vermeiden Sie es daher, Ihre Mindmaps mit zu vielen Informationen vollzustopfen.

*Mindmaps eignen sich nicht, um Informationen anderen Personen darzulegen, da sie stets **individuell** auf der Basis persönlicher Assoziationen und Themen-zusammenhänge erstellt werden. Häufig sind diese für Dritte wenig verständlich und kaum bis gar nicht nachvollziehbar. Vermeiden Sie daher eine Informations-weitergabe via Mindmaps.*

Conceptmapping

Ähnelt eine Mindmap mit ihren vielen Verästelungen einem Baum, so erinnert eine Conceptmap eher an ein Netz: Sie besteht aus Knoten in Form von Kästen und Verbindungen in Form von Pfeilen. Die Verbin-dungen zwischen den einzelnen Kästen – in denen immer Substantive stehen – sind mit Verben oder Präpositionen genau benannt. Sie be-schreiben entweder statische Beziehungen („zum Beispiel", „vergleich-bar mit", „ist") oder dynamische Beziehungen („wird zu", „bewirkt", „vergrößert"). So können Aussagen getroffen sowie komplexe Zusam-menhänge gut dargestellt, erfasst und gegliedert werden – hierarchisch, aber auch inhaltlich.

Conceptmaps sind durch die Benennung der Verbindungen im Gegensatz zu Mindmaps selbsterklärend, das heißt, sie können auch von anderen Personen verstanden und nachvollzogen werden und dienen nicht nur demjenigen als Gedankenstütze, der sie erstellt hat. Im Gegensatz zu

Mindmaps haben die Conceptmaps außerdem mehrere zentrale Begriffe und nicht nur einen.

Wenn Sie eine Conceptmap erstellen, gehen Sie folgendermaßen vor:

- Schreiben Sie an den oberen Rand eines leeren Blattes in einen Kasten den wichtigsten zentralen Begriff, zu dem Sie eine Conceptmap erstellen wollen.
- Arbeiten Sie sich nun nach unten vor, indem Sie beschriftete Pfeile und weitere Kästen mit zentralen Begriffen eintragen.
- Oben auf Ihrem Blatt sollten eher abstrakte Punkte, unten hingegen eher konkrete Dinge wie Beispiele stehen.
- Zum Schluss tragen Sie die Pfeile ein, die die Querverbindungen darstellen, und beschriften diese.
- Folgen Sie den Kästen und Pfeilen von oben nach unten in verschiedenen Spalten, so sollten Sie in der Lage sein, Sätze zu bilden beziehungsweise sinnvolle Aussagen zu formulieren.

Mit einer Conceptmap können Sie ein Informationsgefüge sowohl hierarchisch ordnen als auch mit seinen Verbindungen untereinander kenntlich machen. **KOMPAKT**

In Abbildung 8 sehen Sie ein Beispiel für eine Conceptmap, wie die Mindmap im vorherigen Abschnitt erstellt für ein Werbekonzept.

Auf http://cmap.ihmc.us können Sie sich das kostenlose Softwareprogramm Cmap zum Erstellen von Conceptmaps herunterladen. **TIPP**

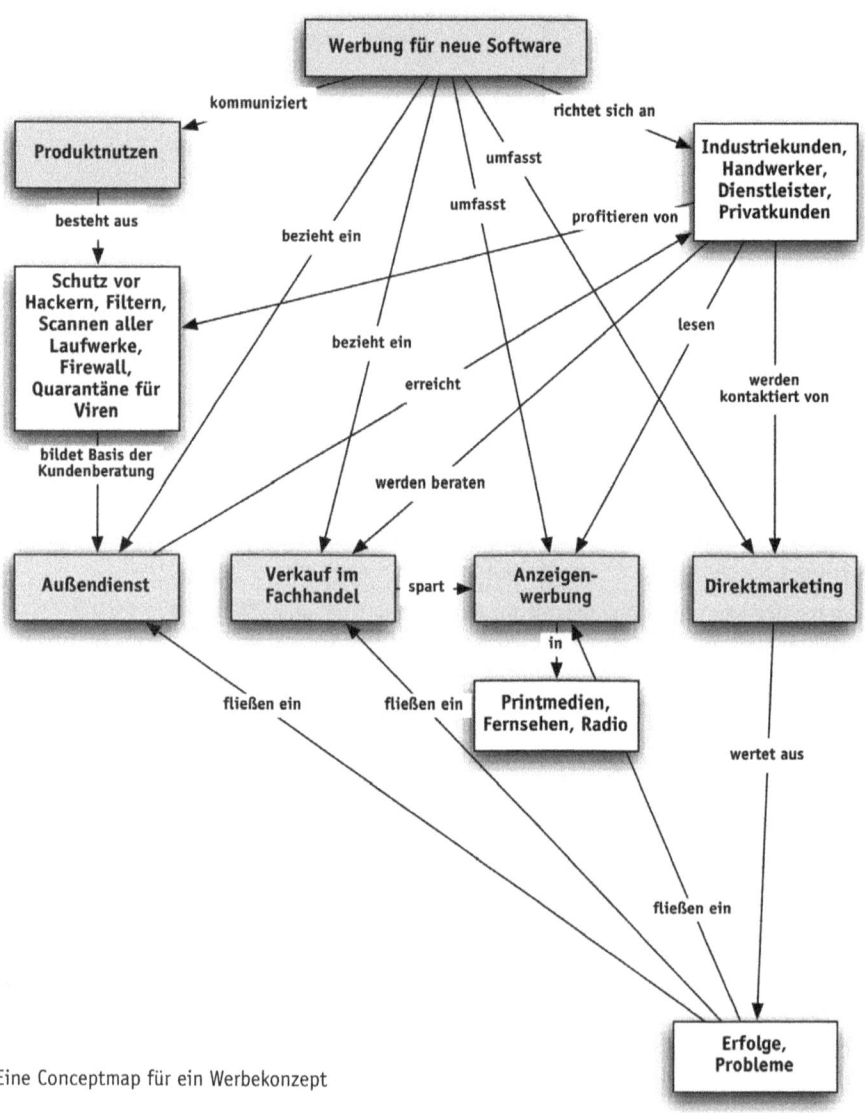

Eine Conceptmap für ein Werbekonzept

Vistem

Vistem ist als Alternative oder Ergänzung zu den Mapping-Methoden einsetzbar und wurde von Carmen Thomas entwickelt. „Vistem" steht für „Visualisieren mit System" und basiert auf der systematischen und überlegten Verwendung von Haftnotizzetteln (Post-its) in bestimmten Formaten. Vistem ist vielfältig einsetzbar, zum Beispiel zur Gesprächs- und Konferenzführung, und eignet sich ebenfalls hervorragend, um ein komplexes Themen- oder Problemfeld, wie es ein Konzept bildet, darzustellen und daraus weitergehende Überlegungen abzuleiten. Die Grundausstattung besteht aus Haftzetteln in sechs Farben, „Pits" genannt, und in verschiedenen, speziell entwickelten Formaten, einem Stift und einem sogenannten Fond oder Untergrund, auf den die Pits geklebt („gepittet") werden.

Sie beginnen, indem Sie jede Information leserlich auf ein Pit schreiben. Wie und wofür Sie die Pits verwenden, bleibt Ihnen überlassen. Sie können zum Beispiel für jede Einzelinformation ein Pit anlegen, so wie Sie bei der KJ-Methode dafür eine Karteikarte und beim Mindmapping ein Schlüsselwort verwendet haben. Allerdings sind Sie bei Vistem nicht auf einzelne Stichwörter beschränkt, sondern können auch ganze Sätze oder Teilsätze bilden. Besteht ein Gedanke aus mehreren Wörtern, zum Beispiel einem Nomen und einem Verb, so ist es üblich, zwei getrennte Pits zu verwenden, zum Beispiel Blau für das Nomen und Gelb für das Verb. Dies ist häufig wichtig, um auf neue Einfälle zu kommen. Zudem spielen Verben eine Rolle, wenn Ihr Konzept das Ziel verfolgt, Handlungen abzuleiten oder neue Aktionswege zu finden und nicht nur vergangenheitsorientiert über etwas Geschehenes oder über Fakten und Tatsachen zu berichten.

Nehmen wir an, Ihr Konzept für die Werbekampagne des Software-pogramms soll auch den Nutzen des Produktes herausarbeiten, damit er dann später werblich dargestellt werden kann. Eine zentrale Frage lautet also: „Was tut das Softwareprogramm? Welche Probleme werden damit gelöst?" Die Fähigkeiten des Produktes lassen sich klar, knapp und anschaulich am besten mit Verben ausdrücken, während Nomen dafür weniger geeignet sind. Sie suchen also aus Ihren umfangreichen Unterlagen den Produktnutzen heraus und finden abstrakte, umständ-liche Formulierungen wie: „mit Antiviren- und Firewalltechnologie ausgerüstet". Jetzt lösen Sie diese Wendung so auf, dass der Nutzen offensichtlicher wird: „Das Programm schützt vor Hackern und bösen Viren". Auf diese Weise wird klar, was das Programm tut: Es „schützt" vor „Bösem" – etwas, das jedem Käufer unmittelbar einsichtig und ver-ständlich ist, auch wenn er mit Fachbegriffen wie „Firewalltechnologie" nichts anfangen kann. Somit haben Sie einen klaren Anhaltspunkt für die Gestaltung der Werbung gefunden, für die Sie bereits auf Ihrem Vistem-Visual erste Ideen in Form von Grafiken darstellen können – zum Beispiel einen Schild oder eine Ritterrüstung zur Veranschaulichung des Schutzes.

Nach der Vistem-Methode verwenden Sie für den Satz, der den Produkt-nutzen ausdrückt, drei oder vier getrennte Pits mit folgender Beschrif-tung:

1. Das Programm
2. schützt
3. vor Hackern und bösen Viren
4. grafisches Symbol: zum Beispiel Ritterrüstung, Schild

Für die Pits werden verschiedene Farben gebraucht, die der Strukturierung dienen: Blau steht für Oberpunkte, Gelb für Unterpunkte, Weiß für offene Punkte; neben diesen „Hirnfarben" gibt es die „Herzfarben": Rot für Wichtiges, Grün für Erfreuliches oder Wünsche, Grau für Störendes.

Verteilen Sie zunächst alle Pits auf einem Fond, also einem Untergrund, und zwar brainstormartig, ohne besondere Ordnung. Dann verwenden Sie einen zweiten Fond und beginnen nun, die Pits in einer sinnvollen Struktur zu fixieren. Für den Fond wurde ein speziell gerastertes Papier entwickelt, das ein gerades Aufkleben der Pits ermöglicht. Bei dieser Methode ist es nicht üblich, ein „geclustertes" Bild mit über die ganze Fläche verteilten Begriffen oder Pits anzulegen, die dann durch irgendwelche Pfeile verbunden werden. Vielmehr werden die Pits nebeneinander in geraden Linien angeordnet (siehe Abbildung Seite 65). Nur Wichtiges wird schräg und Unwichtiges an den rechten Rand geklebt; die Verwendung von Symbolen, beispielsweise als Gedächtnisstützen, ist möglich. Die Systematisierung ergibt sich neben dem geordneten „Bepitten" des Untergrunds durch die sinnvolle Verwendung der sechs Farben; auch der Untergrund selbst kann verschiedene Farben und Formate haben.

Die Vistem-Methode erfordert ein wenig Übung und sollte beim ersten Mal nicht angewendet werden, wenn Sie unter großem Zeitdruck stehen. Müssen Sie jedoch öfter Konzepte entwickeln, eventuell auch gemeinsam mit anderen, und diese dann vor einer Zuhörerschaft vortragen, so eignet sich Vistem hervorragend und ist auch zeitsparend. Falls Sie nämlich Ihr Konzept nicht unbedingt sprachlich vollständig Satz für Satz auszuformulieren brauchen, so kann das Visual, also die mit Vistem angefertigte Übersicht auf einer Seite, bereits das vollständige Konzept darstellen.

Mit Vistem können Sie eine umfangreiche Thematik übersichtlich und flexibel mit ihren verschiedenen Elementen visualisieren sowie Aktionen aus Fakten ableiten. Ein weiterer Vorteil besteht in der Auswahl zwischen unterschiedlichen Papierformaten, die die Informationen auch bei Präsentationen im größeren Rahmen für viele Teilnehmer gut lesbar machen können.

Sie haben jetzt einen Überblick über die Gesamtheit Ihrer Unterlagen gewonnen, sie gelesen und in eine erste Ordnung gebracht. Im nächsten Schritt geht es darum, zwischen verschiedenen Informationen und deren Nutzen abzuwägen und die bereits gefundenen Beziehungen zwischen ihnen zu vertiefen.

Für das nächste Mal

Die Klassifikation, die KJ-Methode, Mindmapping, Conceptmapping und Vistem können Sie alternativ oder ergänzend zueinander einsetzen – je nach Aufgabenstellung Ihres Konzeptes, sinnvoller Anordnung Ihres Informationsgefüges und persönlicher Vorliebe. Falls Sie des Öfteren Konzepte erstellen, empfiehlt es sich, eine oder mehrere der Methoden gründlich zu erlernen, um sie bei Bedarf sofort und „automatisch" ohne Einarbeitungsphase anwenden zu können. Je besser Sie eine Methode beherrschen, desto effektiver funktioniert die Anwendung. Möglich ist auch, dass Sie mehrere Methoden zu einer individuellen neuen kombinieren, beispielsweise Mindmaps mit Hilfe von Haftnotizzetteln erstellen. Das bleibt Ihnen überlassen.

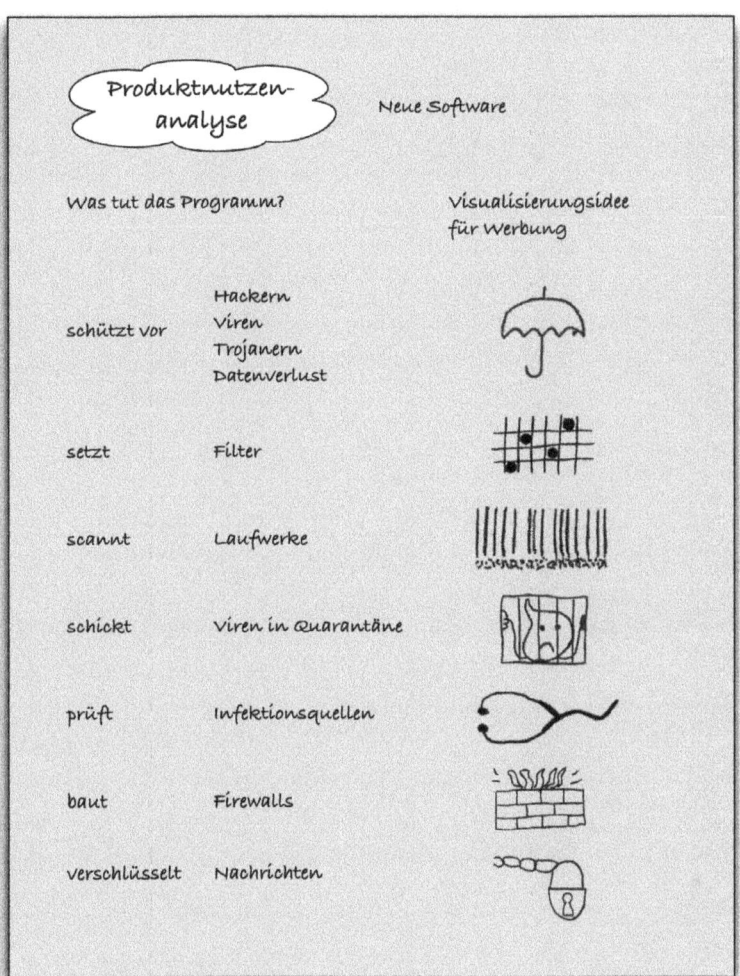

Produktnutzenanalyse

Neue Software

Was tut das Programm?

Visualisierungsidee für Werbung

schützt vor	Hackern Viren Trojanern Datenverlust
setzt	Filter
scannt	Laufwerke
schickt	Viren in Quarantäne
prüft	Infektionsquellen
baut	Firewalls
verschlüsselt	Nachrichten

Ein Vistem-Visual, Beispiel: Produktnutzenanalyse

Informationen gewichten und interpretieren

Ziel der weiteren Informationsaufbereitung ist es, systematisch auf Ihr Konzept und seine endgültige Struktur hinzuarbeiten. Im vorigen Kapitel haben wir eine inhaltliche Ordnung der vorhandenen Informationen erstellt; jetzt geht es darum, die Ordnung zu vertiefen, zu präzisieren, gegebenenfalls auch zu korrigieren und dabei die zahlreichen *Details* und Einzelinformationen zu berücksichtigen sowie in eine schlüssige Gesamtstruktur zu integrieren. Der Schwerpunkt liegt dabei auf der *Gewichtung* und *Bewertung* beziehungsweise Interpretation der Informationen. Beide sind notwendig, um beispielsweise trotz widersprüchlicher Informationslage fundierte Entscheidungen treffen zu können, aber auch, um letztlich eine Hypothese aufzustellen, die die zentrale Aussage Ihres Konzeptes in einem Satz ausdrückt.

Es wird im Folgenden eine Reihe unterschiedlicher Methoden vorgestellt, von denen Sie wiederum keineswegs alle anwenden, sondern die für Ihre jeweilige Aufgabenstellung geeignete(n) auswählen sollten. Hat Ihr Konzept beispielsweise zum Ziel, zwischen mehreren möglichen Handlungsalternativen eine wohlbegründete Entscheidung zu treffen, so benötigen Sie eine andere Methode, als wenn es darum geht, einen zusammenfassenden Bericht zu verfassen, in dem Sie eine gegebene Sachlage in ihren verschiedenen Facetten lediglich erläuternd darstellen.

Wie viele verschiedene Methoden Sie sinnvollerweise anwenden, hängt wesentlich von dem Umfang Ihrer Informationssammlung sowie dem Umfang und der Aufgabenstellung Ihres geplanten Konzeptes ab. Handelt es sich um ein kurzes Konzept von wenigen Seiten, das mit Hilfe relativ weniger Informationen erstellt werden kann, so reicht unter Umständen eine einzige Methode bereits aus, um das Ganze zu erfassen und in ein brauchbares Schema zu gießen. Je umfangreicher und differenzierter aber Ihr Konzept und Ihre vorhandenen Informationen sind, desto wahrscheinlicher ist es, dass Sie verschiedene Methoden für verschiedene Themenbereiche benötigen, um zu einem schlüssigen Gesamtkonzept zu gelangen.

Die folgende Tabelle zeigt in der linken Spalte die in diesem Kapitel vorgestellten Methoden und nennt in der rechten Spalte ihren Anwendungsbereich. So können Sie die für Ihr Konzept geeignete(n) Methode(n) auswählen.

Methode	Anwendung
Morphologische Matrix	Systematisieren von Informationen
Portfoliomatrix	Qualitatives Abwägen einzelner Informationen
Hypothesenmatrix, Papiercomputer	Umfangreiche Vernetzungen und Wechselbeziehungen zwischen Informationen erkennen, darstellen und gewichten
Entscheidungsmatrix	Zwischen konkurrierenden Alternativen eine eindeutige Entscheidung treffen

Interpretationsmethoden

Systematisieren und Abwägen

Um komplexe Probleme zu strukturieren und zu systematisieren, eignet sich die **Morphologische Matrix**, auch „Problemfelddarstellung" oder „Erkenntnismatrix" genannt. Durch sie können bereits bekannte Lösungen oder Zusammenhänge in eine klare Ordnungsstruktur gebracht, aber auch Lücken identifiziert werden.

Die Matrix besteht aus einer Art Tabelle mit einer horizontalen und einer vertikalen Ausprägung, in die jeweils unterschiedliche Parameter eingetragen werden, die es zu untersuchen gilt. Solche Parameter können beispielsweise verschiedene Bauteile eines Produktes, unterschiedliche Varianten einer Problemlösung oder verschiedene Ausprägungen eines Merkmals sein. Die Matrix lässt sich auf nahezu alle Aufgaben und Fragestellungen anwenden, sofern das Problem sich auf wenige Parameter beschränken lässt.

Mit dem Kombinieren von Elementen stellen Sie eine Ordnung her, die auch Lücken offenbart.

Die Einordnung von Informationen in beide Ausrichtungen ermöglicht es, bestimmte Kombinationen zu ermitteln (in der folgenden Matrix statt mit Worten oder sprachlichen Erläuterungen stellvertretend mit ● gekennzeichnet). Widersinnige, unrealistische oder unlogische Kombinationen scheiden als sogenannte Nullfelder (×) aus und lassen sich damit ausschließen; Leerfelder (...) weisen auf Lücken beziehungsweise das Fehlen gewisser Informationen hin. Sie können eine Aufforderung sein, noch fehlende Informationen zu beschaffen, oder einfach auf derzeit unüberwindbare objektive Wissensdefizite hinweisen.

	A	B	C	D	E
1	●	●	●	×	×
2	...	...	●	×	...
3	...	●	●	×	...
4	...	●	×	●	×

Morphologische Matrix

Im Gegensatz zur Morphologischen Matrix ist es bei der **Portfolioma-trix** möglich, Informationen von ihrer Bedeutung her qualitativ zu ge-wichten. Ein „klassisches" Anwendungsgebiet der Portfoliomatrix ist die Bewertung von Produkten und ihrem Marktanteil in Relation zu ihrem Marktwachstum. Natürlich sind auch andere Anwendungsbereiche denk-bar, sofern sie sich in ein einfaches Schema von zwei bis vier Ausprä-gungsgraden (zum Beispiel „plus – minus", „niedrig – mittel – hoch" oder „am schwächsten – schwach – stark – am stärksten") einordnen lassen. Das folgende Beispiel zeigt die klassische Zweier-Matrix, wie sie bei der Produktbewertung häufig eingesetzt wird.

Mit Hilfe der Morphologischen Matrix können Sie Informationen so zuordnen,
dass Sie wesentliche Kombinationen, Widersprüche und Lücken auf einen Blick
erkennen. Mit der Portfoliomatrix lassen sich außerdem Ausprägungen oder
Merkmale von Informationen bewerten. Beide Methoden eignen sich für über-
schaubare Informationsmengen mit relativ wenigen Parametern.

Qualitative und quantitative Bewertung von Informationen

Zu erarbeitende Konzepte sind heute oft *komplex*, weil sie aus einer Vielzahl von Informationen bestehen, die zunächst auf undurchschau-bare Weise miteinander verbunden sind. Im vorigen Kapitel haben wir im Rahmen unterschiedlicher Methoden solche Vernetzungen oder Wechselbeziehungen zwischen verschiedenen Sachverhalten mit Hilfe von Pfeilen, unterschiedlichen Symbolen oder Verästelungen, die von Hauptzweigen ausgehen, grafisch dargestellt. Als erste Annäherung war dies ausreichend, doch jetzt genügt das nicht mehr, denn diese Art der

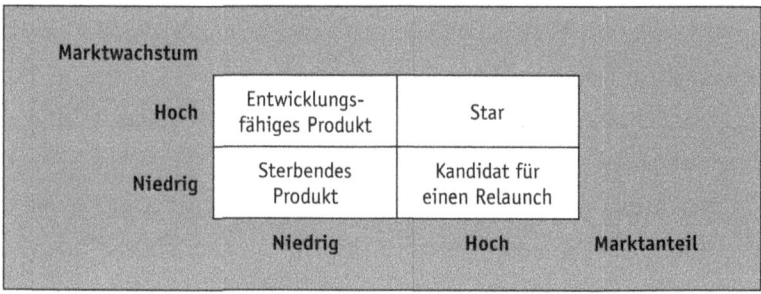

	Niedrig	Hoch	Marktanteil

Marktwachstum

Hoch	Entwicklungs-fähiges Produkt	Star
Niedrig	Sterbendes Produkt	Kandidat für einen Relaunch

Portfoliomatrix

Darstellung berücksichtigt kaum Details und sagt auch nichts über die Stärke, den Grad, gegenseitiger Beeinflussungen verschiedener Parameter aus. Eine *quantitative* Messung unterschiedlicher Faktoren ist mit den bisher vorgestellten Methoden ebenfalls nicht möglich. Weiterführend sind hier die Hypothesenmatrix und der Papiercomputer.

Die Hypothesenmatrix

Die Hypothesenmatrix dient dazu, komplexe Sachverhalte analytisch zu durchdringen, Verknüpfungen in all ihren Details transparent zu machen und latente Probleme aufzudecken.

Fragestellungen, die mit dieser zweidimensionalen Matrix beantwortet werden können, sind zum Beispiel:
- Wie wirken sich verschiedene Vertriebskanäle auf das Kaufverhalten unterschiedlicher Zielgruppen aus?
- Wie sind neue Versicherungsprodukte zu gestalten, damit sie den Anforderungen verschiedener Zielgruppen genügen?
- Welcher Bedarf an neuen Dienstleistungen für den privaten Haushalt entsteht durch die wachsende Berufstätigkeit von Frauen?

Jede der jeweils miteinander zu korrelierenden Dimensionen (Vertriebs-kanäle – Kaufverhalten, Versicherungsprodukte – Zielgruppen, neue Dienstleistungen – Berufstätigkeit der Frau) wird in der Hypothesenma-trix in Unterdimensionen aufgeschlüsselt. Sinnvolle Unterdimensionen im Bereich „Vertriebskanäle" wären beispielsweise „Direktmarketing, Verkauf über den Fachhandel, Verkauf in Kaufhäusern, Außendienst, Werbung in Printmedien, Fernsehwerbung, Radiowerbung". Die Zahl der Unterdimensionen ist methodisch nicht festgelegt, sondern flexibel wählbar und von der jeweiligen Problemstellung abhängig. Die beiden zu korrelierenden Parameter können auch jeweils eine unterschiedliche Anzahl an Unterdimensionen aufweisen. Gerade in der Aufschlüsselung in eine Vielzahl von Unterbereichen liegt die Genauigkeit in der Erfas-sung aller möglichen einzelnen Beziehungen, die das wahre Ausmaß der Vernetzung erst klar erkennen lassen.

Vernetzungen erkennen Sie erst dann, wenn Sie die verschiedenen Parameter in   TIPP
Unterbereiche aufschlüsseln.

Die sich in der Matrix ergebenden Felder füllen Sie anhand der Ihnen vorliegenden Informationen aus, wobei es verschiedene Möglichkeiten gibt, eine qualifizierte Bewertung vorzunehmen. Entscheiden Sie sich je nach erforderlichem Genauigkeitsgrad für *eine* der folgenden Alter-nativen, (die in der Matrix alle zugleich verwendet wurden):

- Einen einfachen Zusammenhang zwischen einem vertikalen und einem horizontalen Feld markieren Sie mit einem ×; wo kein Zusammenhang besteht, bleibt das Feld leer.

- Mit einem Pfeil von links nach rechts (→) markieren Sie einen Einfluss des vertikalen auf das horizontale Feld, mit einem Pfeil von rechts nach links (←) einen Einfluss des horizontalen auf das vertikale Feld. Ein Doppelpfeil (↔) zeigt eine wechselseitige Beeinflussung beider Felder an.
- Ein positiver Zusammenhang wird mit plus (+) gekennzeichnet, ein negativer mit minus (−).
- Eine quantitative Bewertung mit Zahlen, die die Korrelation zwischen Feldern mathematisch darstellt, ist ebenfalls möglich – vorausgesetzt, solches Zahlenmaterial liegt Ihnen vor oder Sie können die Werte aus Ihren vorhandenen Informationen errechnen.
- Ein grobe Gewichtung lässt sich anstatt mit Zahlen auch mit den Bewertungen „geringer, mittlerer, starker Zusammenhang" (g, m, s) kenntlich machen.
- Unklare Beziehungen werden mit Fragezeichen (?), bedeutungsvolle mit Ausrufezeichen (!) versehen.

		Vertriebskanäle				
		Direkt-marketing	Außen-dienst	Verkauf ü. Fachhandel	Anzeigen-werbung	Fernseh-werbung
Zielgruppen	Industrie-kunden	×		×		
	Handwerker	+	−	g	m	s
	Privatkunden	0,4	0,8	0,2		
	Dienst-leistungs-unternehmen	?	←	→	↔	!

Hypothesenmatrix

Mit der Hypothesenmatrix können Sie Informationen qualifiziert bewerten, und zwar sowohl qualitativ als auch quantitativ.

KOMPAKT

Der Papiercomputer

Etwas anders als die Hypothesenmatrix verfährt der von Frederic Vester entwickelte sogenannte Papiercomputer. Während in der Hypothesenmatrix in der Horizontalen und der Vertikalen zwei *unterschiedliche* Dimensionen miteinander korreliert werden, sind die beiden Dimensionen beim Papiercomputer inhaltlich *identisch*. Auf diese Weise können die direkten Wirkungen verschiedener Faktoren aufeinander gewichtet werden.

Typische Fragestellungen, die sich mit dem Papiercomputer beantworten lassen, sind beispielsweise:

- Wie beeinflussen sich die verschiedenen Vertriebs- und Kommunikationskanäle eines Produktes gegenseitig: Wirkt sich zum Beispiel das Direktmarketing negativ auf den Außendienst aus? Oder beeinflusst Fernsehwerbung den Verkaufserfolg des Fachhandels?
- Welchen wechselseitigen Einfluss übt der Verkauf unterschiedlicher Versicherungsprodukte aufeinander aus: Beeinflusst der Abschluss einer Lebensversicherung den Abschluss anderer Versicherungsverträge positiv oder negativ? Begünstigt eine private Krankenversicherung auch einen Vertrag für eine Unfallversicherung, und wenn ja, in welchem Maße?

Vier Arten von Einflüssen lassen sich mit dem Papiercomputer identifizieren:

- Der *aktive Faktor* beeinflusst alle anderen Faktoren am stärksten, wird aber von ihnen am schwächsten beeinflusst.

- Der *reaktive Faktor* beeinflusst alle übrigen am schwächsten, wird aber selbst am stärksten beeinflusst.
- Der *kritische Faktor* beeinflusst die übrigen am stärksten und wird gleichzeitig auch am stärksten von ihnen beeinflusst.
- Der *puffernde Faktor* beeinflusst die übrigen am schwächsten und wird von ihnen am schwächsten beeinflusst.

Wie bei der Hypothesenmatrix, so ist auch beim Papiercomputer die Zahl der Dimensionen oder Faktoren in beiden Richtungen nicht begrenzt.

Identifizieren Sie mit dem Papiercomputer wechselseitige Einflüsse und die Stärke ihrer Wirkungen.

Die verschiedenen Faktoren sind von oben nach unten sowie von links nach rechts angeordnet, wobei die Reihenfolge keine Rolle spielt. Da sich die Faktoren nicht selbst beeinflussen können, sind die Kästchen, in denen ein Faktor auf sich selbst trifft, ausgespart (•). Eine quantitative Auswertung ist hier unabdingbar; sie kann entweder ganz präzise auf der Basis vorhandenen Zahlenmaterials erfolgen oder Schätzwerte nennen.

Alle pro Zeile von links nach rechts addierten Werte ergeben die *Aktivsumme*, alle pro Spalte von oben nach unten addierten Werte die *Passivsumme*. Teilen Sie die Aktiv- durch die Passivsumme, so erhalten Sie jeweils den *Quotienten*; der Faktor mit dem höchsten Quotienten ist der aktive, derjenige mit dem niedrigsten Quotienten der reaktive Faktor. Im nächsten Schritt multiplizieren Sie jeweils die Aktiv- mit der Passivsumme und erhalten so das *Produkt*. Der Faktor mit dem höchsten

Produkt ist der kritische, derjenige mit dem niedrigsten Produkt der puffernde Faktor.

Entsprechend dem obigen Beispiel können wir also die Vernetzung der verschiedenen Elemente des Kommunikations- und Distributionsmix folgendermaßen gewichten:

- Die Fernsehwerbung beeinflusst als aktiver Faktor am stärksten die übrigen Werbe- und Verkaufskanäle und wird von ihnen am schwächsten beeinflusst.
- Der Verkauf im Fachhandel beeinflusst als reaktives Element die übrigen Faktoren am wenigsten, wird aber von ihnen am stärksten beeinflusst.
- Der Außendienst ist das kritische Element, das die übrigen Werbe- und Verkaufskanäle am stärksten beeinflusst und von ihnen auch am stärksten beeinflusst wird.
- Das puffernde Element ist die Anzeigenwerbung, die die übrigen Faktoren am wenigsten beeinflusst und von ihnen auch am wenigsten beeinflusst wird.

Anstatt mit simplen Entweder-oder-Entscheidungen einen Großteil Ihrer Möglichkeiten zu verschenken, erleichtert es eine solch präzise Ermittlung von Faktoren und ihren wechselseitigen Wirkungen erheblich, eine klare und begründete Hypothese aufzustellen – bei einem Werbekonzept beispielsweise darüber, welche Faktoren im Kommunikationsmix in Zukunft stärker in den Vordergrund gerückt werden sollten, weil sie den Verkaufserfolg am stärksten beeinflussen.

Wirkung von ↓ auf →		A	B	C	D	E	Aktiv-summe	Quotient
Anzeigenwerbung	A	●	1	2	1	0	4	2
Direktmarketing	B	0	●	3	2	2	7	0,875
Außendienst	C	1	2	●	3	0	6	0,6
Verkauf Fachhandel	D	1	1	2	●	0	4	0,57
Fernsehwerbung	E	0	2	3	1	●	6	3
Passivsumme		2	8	10	7	2		
Produkt		8	56	60	28	12		

0 = keine Einwirkung, 1 = schwache Einwirkung, 2 = mittlere Einwirkung, 3 = starke Einwirkung

Papiercomputer

Entscheidungskriterien → ↓ Handlungsalternativen	A. Konkurrenz erhöht Werbeaufwand	B. Konkurrenz senkt die Preise	C. Konkurrenz unternimmt nichts
1. Preissenkung	– 40.000 €	0 €	+ 90.000 €
2. Erhöhung der Werbeaufwendungen	0 €	+ 40.000 €	+ 90.000 €
3. Verbesserte Distributionspolitik	– 10.000 €	+ 10.000 €	+ 70.000 €

Entscheidungsmatrix: Wirksamkeit absatzpolitischer Instrumente

Einer der klassischen Fehler bei der Erarbeitung eines Konzeptes besteht darin, angesichts der Vielzahl der Einflussmöglichkeiten verschiedener Faktoren auf- und untereinander zu kapitulieren und in eine simple „Entweder-oder-Hypothese" mit nur zwei Alternativen zu verfallen, anstatt die unterschiedlichen Vernetzungen im Detail zu untersuchen und Schritt für Schritt zu gewichten. Die

Hypothesenmatrix und der Papiercomputer helfen bei einer differenzierten Betrachtungsweise und decken das Beziehungsnetz so auf, dass viele Alternativen mit jeweils unterschiedlichen Gesichtspunkten erkennbar werden.

Entscheidungen fällen mit der Entscheidungsmatrix

Angenommen, es ist Aufgabe Ihres Konzeptes, aus einer Menge möglicher Alternativen eine auszuwählen und eine Entscheidung zu treffen. Häufig ist es schwierig, sämtliche Aspekte einer Entscheidung und alle Alternativen rein gedanklich zu bewältigen. Zudem stehen verschiedene Alternativen oft unversöhnlich einander gegenüber, weil sie alle sowohl Vor- als auch Nachteile in sich bergen (sogenannte Dilemmasituationen), so dass man der „Qual der Wahl" zu unterliegen scheint. Mit Hilfe der Entscheidungsmatrix wird die Entscheidungssituation zunächst formalisiert, damit sich anschließend durch die Anwendung bestimmter Regeln auch bei konkurrierenden Alternativen eine klare Entscheidung fällen lässt.

Auf der vertikalen Achse der Entscheidungsmatrix werden die Handlungsalternativen eingetragen, auf der horizontalen die Entscheidungskriterien. Nehmen wir an, es ist Aufgabe Ihres Konzeptes, die Wirksamkeit absatzpolitischer Instrumente im Hinblick auf unterschiedliche Reaktionen von Mitbewerbern zu prüfen. Finanziell können Sie die entsprechenden Gewinne oder Verluste bei den jeweiligen Alternativen aus Ihren Unterlagen ablesen oder rechnerisch ermitteln.

Auf den ersten Blick erscheint es schwierig, eine der drei Alternativen als die beste auszumachen (siehe Abbildung 15). Verbessern Sie zum Beispiel Ihre Distributionspolitik, so könnte Ihnen das einen Gewinn von maximal 70.000 Euro bringen, aber nur dann, wenn die Konkurrenz „schläft". Entscheidet sie sich jedoch, ihren Werbeaufwand zu erhöhen, so macht Ihr Unternehmen einen Verlust von 10.000 Euro. Ähnlich schwierig ist es mit der Preissenkung: Günstigstenfalls erwirtschaften Sie sogar einen höheren Gewinn als mit einer verbesserten Distributionspolitik, aber schlimmstenfalls auch einen höheren Verlust von 40.000 Euro.

Eine einfache Regel, die die Situation sofort eindeutig macht, ist das Dominanzprinzip: Eine Handlungsalternative ist gegenüber einer anderen dominant, wenn sie bei jedem Entscheidungskriterium bessere oder wenigstens gleich gute Ergebnisse liefert.

Schauen Sie sich die zweite Alternative in der Tabelle auf der vorhergehenden Seite an. Sie ist in diesem Falle die dominante, denn sie erbringt bei den Entscheidungskriterien A und B ein besseres und bei C zumindest ein gleich gutes Ergebnis. Da Sie die Reaktionen Ihrer Konkurrenz auf Ihre Absatzpolitik nicht voraussehen können, fahren Sie mit der Alternative 2 in jedem Falle am besten; die richtige Entscheidung lautet also, die Werbeaufwendungen zu erhöhen. Nicht immer sind Entscheidungen jedoch so leicht zu fällen wie in diesem Beispiel.

Angenommen, Ihr Unternehmen will expandieren und sucht unter verschiedenen möglichen Standorten denjenigen, der das beste Kosten-Nutzen-Verhältnis bietet. Sie haben die Aufgabe, in Ihrem Konzept die Vor- und Nachteile verschiedener Standorte auszuloten und mit Ihrer

Entscheidung für einen Standort eine eindeutige Empfehlung für Ihre Vorgesetzten auszusprechen. Nur ein kleiner Teil Ihrer Informationen ist in Zahlen messbar, so dass Sie sich bei mehreren Kriterien auf qualitative Schätzungen verlassen müssen. Mit Hilfe Ihrer vorliegenden Informationen erarbeiten Sie eine Entscheidungsmatrix (siehe Abbildung 16 auf der folgenden Seite).

Wieder scheinen Sie vor der Qual der Wahl zu stehen, da jeder Standort sowohl Vor- als auch Nachteile bringt. Das Dominanzprinzip ist hier nicht anwendbar, da kein Standort gleich gute oder bessere Bedingungen als die übrigen bietet. Standort 1 zum Beispiel hat zwar die niedrigsten Transportkosten, wird aber nicht subventioniert. Bei Standort 2 sind zwar die Steuervorteile am höchsten, die Frage ist jedoch, ob diese nicht durch die extrem hohen Transportkosten wieder „aufgefressen" werden. Für einen komplexen Fall wie diesen gibt es unterschiedliche Regeln, um zu einer eindeutigen Entscheidung zu kommen. Die einfachste Regel ist die sogenannte Zielunterdrückung: Nur ein Entscheidungskriterium wird für relevant erklärt, und alle übrigen werden ignoriert. Haben in Ihrem Unternehmen zum Beispiel die Transportkosten die höchste Priorität, so fällt die Entscheidung zugunsten von Standort 1. Allerdings bleiben auf diese Weise die meisten Kriterien unberücksichtigt, was leicht zu Fehlentscheidungen führen kann.

	Jährliche Transportkosten	Lohnneben-kosten	Steuervorteile	Subventionen
Standort 1	250.000 €	mittel	durchschnittlich	keine
Standort 2	400.000 €	gering	sehr hoch	hoch
Standort 3	300.000 €	hoch	hoch	mittel
Standort 4	300.000 €	gering	hoch	gering

Entscheidungsmatrix für Standortwahl I

	Jährliche Transportkosten	Lohnneben-kosten	Steuervorteile	Subventionen
~~Standort 1~~	~~250.000 €~~	~~mittel~~	~~durchschnittlich~~	~~keine~~
~~Standort 2~~	~~400.000 €~~	~~gering~~	~~sehr hoch~~	~~hoch~~
~~Standort 3~~	~~300.000 €~~	~~hoch~~	~~hoch~~	~~mittel~~
Standort 4	300.000 €	gering	hoch	gering
Anspruchs-niveau	300.000 €	mittel	durchschnittlich	gering

Entscheidungsmatrix für Standortwahl II (mit Anspruchsniveau)

Eine zweite Regel ist die Festlegung eines Anspruchsniveaus: Für jedes Entscheidungskriterium wird jeweils ein bestimmtes, gerade noch tolerierbares Ergebnis festgelegt, das beispielsweise folgendermaßen lauten könnte:

- Jährliche Transportkosten: höchstens 300.000 Euro
- Lohnnebenkosten: mittel
- Steuervorteile: durchschnittlich
- Subventionen: gering

Bei der Entscheidungsfindung gehen Sie folgendermaßen vor: Sie prüfen jedes einzelne Kriterium im Hinblick auf das erhobene Anspruchsniveau. Der Standort, der das jeweilige Niveau nicht erfüllt, scheidet bei der weiteren Lösung des Problems aus. Auf diese Weise wird Standort 2 aufgrund der zu hohen Transportkosten, Standort 3 aufgrund der zu hohen Lohnnebenkosten und Standort 1 aufgrund der fehlenden Subventionen gestrichen. Übrig bleibt in diesem Falle Standort 4, für den die Entscheidung fällt (siehe Entscheidungsmatrix II).

Ein weiterer Ansatz, um bei dem komplexen Problem der Standortwahl zu einem eindeutigen Ergebnis zu kommen, ist die Nutzwertanalyse, die aus fünf Schritten besteht:

1. Gleichnamigmachen der Ergebnisse
2. Gewichtung der verschiedenen Entscheidungskriterien
3. Ermittlung der gewichteten Ergebnisse
4. Ermittlung des Nutzens jeder Alternative
5. Auswahl der optimalen Alternative.

Beim Gleichnamigmachen der Ergebnisse werden subjektive Nutzenpunkte für jedes Kriterium vergeben, so dass auch die bisher nicht quantitativ erfassten Kriterien einen Zahlenwert erhalten. Üblicherweise werden Nutzenpunkte von 0 für fehlenden Nutzen bis 10 für optimalen Nutzen vergeben. Gleiche Ergebnisse werden mit gleichen Nutzenpunkten bewertet. Bei der Gewichtung der Entscheidungskriterien wird jedem Kriterium durch eine Zahl eine bestimmte Wichtigkeit eingeräumt, und zwar so, dass alle Gewichtungen sich zum Wert 1 ergänzen. Die unten stehende Tabelle zeigt das Ergebnis der ersten beiden Schritte der Nutzwertanalyse.

Die gewichteten Ergebnisse werden ermittelt, indem jedes Kriterium bei jedem Standort mit dem Faktor der Zielgewichtung multipliziert wird.

Im vierten Schritt werden bei jedem Standort die Punktwerte addiert. Zuletzt fällt die Entscheidung für den Standort mit der höchsten Punktzahl, denn er vereinigt den größten Nutzen auf sich. Die folgende Abbildung 19 fasst die letzten drei Schritte zusammen. Erkennbar ist, dass die Entscheidung zugunsten von Standort 2 fallen muss, da er mit 6,9 Punkten den höchsten Nutzen aufweist.

	Jährliche Transport- kosten	Lohnneben- kosten	Steuer- vorteile	Sub- ventionen	Σ
Gewichtung	0,3	0,4	0,2	0,1	1,0
Standort 1	10,0	5,0	5,0	0,0	
Standort 2	3,0	8,0	10,0	8,0	
Standort 3	5,0	3,0	8,0	5,0	
Standort 4	5,0	8,0	8,0	3,0	

Entscheidungsmatrix für Standortwahl III (mit Gewichtung der Entscheidungskriterien)

	Jährliche Transport- kosten	Lohnneben- kosten	Steuer- vorteile	Sub- ventionen	Σ
Gewichtung	0,3	0,4	0,2	0,1	1,0
Standort 1	3,0	2,0	1,0	0,0	6,0
Standort 2	0,9	3,2	2,0	0,8	**6,9**
Standort 3	1,5	1,2	1,6	0,5	4,8
Standort 4	1,5	3,2	1,6	0,3	6,6

Entscheidungsmatrix für Standortwahl IV (mit Ermittlung der gewichteten Ergebnisse und des Nutzens)

In einer komplexen Entscheidungssituation, die durch eine Vielzahl von Alternativen mit widersprüchlichen Vor- und Nachteilen gekennzeichnet ist, lässt sich durch eine Entscheidungsmatrix unter Anwendung unterschiedlicher Regeln jeweils eine eindeutige Entscheidung herbeiführen.

Die wichtigsten Regeln sind:

- *Das Dominanzprinzip:* Welche Alternative liefert gleich gute oder bessere Ergebnisse als die anderen?
- *Die Zielunterdrückung:* Welches Entscheidungskriterium ist das wichtigste von allen?
- *Das Festlegen eines Anspruchsniveaus:* Welches Ergebnis ist bei jedem einzelnen Kriterium gerade noch tolerierbar?
- *Die Nutzwertanalyse:* Welche Alternative zeigt nach Durchlaufen einer fünfschrittigen gewichtenden Zahlenanalyse den höchsten Punktwert und damit den höchsten Nutzen für Ihre Wahl?

Für das nächste Mal

Das Gewichten und Interpretieren von Informationen ist nach dem Strukturieren und Ordnen der nächste wichtige Schritt zur Ausarbeitung eines Konzeptes. Er dient dazu, aus Ihren vorhandenen Unterlagen *neue Erkenntnisse* zu gewinnen und diese in ihrer Bedeutung zu bewerten. Um Informationen zu gewichten und zu interpretieren, gibt es eine Reihe von Methoden, die mit verschiedener Zielsetzung für unterschiedliche Arten von Konzepten angewendet werden können. Allen Methoden ist gemeinsam, dass sie vorhandene Informationen in eine Matrix – eine tabellenartige Struktur – einordnen, um die komplexen Faktoren zu benennen, zu erfassen und zu bewerten. Dafür benötigen Sie nicht unbedingt einen Computer, wenn auch *Excel* für umfangreiche Informationen ein nützliches Programm sein kann.

Wer die Komplexität eines Problems oder einer Sachlage mit ihren vielfachen Wirkungen und Wechselwirkungen in verschiedene Richtungen methodisch ermittelt, vermeidet die *Komplexitätsfalle,* in die das Verstandesdenken leicht verfällt: Oberflächlich greift man sich aus der Vielzahl der Möglichkeiten zwei mehr oder weniger beliebige heraus und kommt zu dem voreiligen Schluss: „Entweder A oder B ist zutreffend, richtig oder entscheidungsrelevant." Eine derart simplifizierende Sichtweise beziehungsweise Entweder-oder-Entscheidung ist gerade heute in immer komplexer werdenden unternehmerischen, wirtschaftlichen und gesellschaftlichen Strukturen gefährlich und oftmals falsch. Die Komplexitätsfalle kann auch unter Zeitdruck durch methodisches Vorgehen vermieden werden.

Kreativ neue Lösungen finden

Im Verlauf der Entwicklung Ihres Konzepts haben Sie bereits wichtige Schritte erledigt: Sie haben Informationen recherchiert, diese inhaltlich strukturiert, geordnet, gewichtet, interpretiert und sich vielleicht sogar schon zwischen verschiedenen Alternativen entschieden – so richtig zufrieden sind Sie aber vielleicht bisher nicht. Die zündende Idee war einfach noch nicht dabei. Sie wollen jedoch ein Konzept präsentieren, das Ihre Kollegen oder Vorgesetzten überzeugt. Es soll außergewöhnlich und etwas Besonderes sein und mehr bieten als nur 08/15-Lösungen, auf die jeder leicht kommt.

Wenn Sie an diesem Punkt angelangt sind, wird es Zeit für den Einsatz von Methoden zur kreativen Ideenfindung. Mit deren Hilfe schaffen Sie es, die Aufgabenstellung, das Problem, noch einmal mit ganz anderen Augen zu betrachten – jetzt aber auf der Basis des fundierten Wissens, das Sie bisher dazu gesammelt und ausgewertet haben.

Die im Folgenden vorgestellten Kreativitätstechniken können Sie auch bei anderen Gelegenheiten und während anderer (früherer) Arbeitsschritte in der Konzepterarbeitung einsetzen. Zum Beispiel ist es möglich, dass Sie die Konzeptentwicklung mit kreativen Ideen starten, bevor Sie mit der Informationsrecherche fortfahren. Wann Sie kreative Ideen entwickeln, hängt sowohl von Art und Inhalt Ihres Konzepts als auch von Ihrem persönlichen Arbeitsstil ab. Konzepte beispielsweise, deren Schwerpunkt weniger in der Be- und Verarbeitung großer Informationsmengen als in der Entwicklung innovativer Ideen liegt – wie häufig im Marketing der Fall –, profitieren schon am Start von einer Fülle kreativer Einfälle.

Die meisten der in den nächsten Abschnitten beschriebenen Techniken gehören zu den intuitiven Methoden. Innerhalb kurzer Zeit sammeln Sie sehr viele Ideen, und zwar indem Sie Ihr Unterbewusstsein aktivieren und so an Einfälle gelangen, an die Sie sonst im Zusammenhang mit Ihrer Aufgabenstellung nicht gedacht hätten. Sie denken also in ganz neuen Bahnen – eine der Voraussetzungen, um Innovatives zu entwickeln.

Methoden zur Ideenfindung unterstützen Sie dabei, schnell viele Ideen zu einem Thema zu entwickeln – und genau darauf kommt es an, denn das Verhältnis von guten zu schlechten Ideen bleibt mit 20:80 immer relativ konstant. Wenn Sie durch den Einsatz bestimmter Methoden in einer Stunde fünfzig Ideen entwickeln und davon lediglich 10 Prozent – also fünf Ideen – gut sind, ist das ergiebiger und stellt eine bessere Basis für die weitere Arbeit dar, als wenn Sie im gleichen Zeitraum nur zwei Ideen eher zufällig haben und davon bei genauerer Betrachtung noch nicht einmal eine etwas taugt.

Im Bereich der Kreativität gilt das Gesetz der großen Zahl: Gute Ideen kommen fast automatisch zustande, wenn man es nur schafft, einen entsprechend hohen Output an unterschiedlichen Einfällen zu generieren, anstatt auf „den einen" zündenden Einfall einfach nur passiv zu warten.

Mentale Provokation

Die mentale Provokation lässt sich schnell und leicht anwenden. Sie beruht darauf, dass man bestehende Annahmen und Sichtweisen in Frage stellt, indem man sie beispielsweise umkehrt, übertreibt, verfälscht oder aufhebt. Gerade die Umkehrung des Problems bringt die besten Ergebnisse. Betriebsblindheit hat dann keine Chance mehr, denn Sie ziehen auf einmal Möglichkeiten in Betracht, die Ihr Verstand normalerweise sofort verwerfen würde.

*Wichtig ist, dass Sie die Aussagen, die sich aus der Umkehrung des Problems ergeben, nicht als Fakten betrachten und nicht darüber nachdenken, ob sie nun richtig oder falsch sind. Auch sollten Sie dazu keine Diskussion anstoßen oder die Aussagen innerlich ablehnen. All das würde den kreativen Prozess bremsen. Die Aussage ist als **Provokation** gedacht – als Denkanstoß, als Anregung, die übliche Denkrichtung zu verlassen, mehr nicht.*

Um Ihnen eine Vorstellung davon zu geben, wie eine solche mentale Provokation in Form einer Umkehrung aussehen könnte, dient das folgende Beispiel: Schauen Sie sich noch einmal die Mindmap für die Erstellung eines Werbekonzepts zur Einführung einer neuen Software an (siehe Seite 57). Wir nehmen jetzt einmal an, dass es sich um ein spezielles Grafikprogramm handelt. Ihre Aufgabe heißt: Erstellen Sie ein Werbekonzept. Sie haben also Informationen recherchiert, sie ausgewertet, verschiedene Ansätze entwickelt. Dabei herausgekommen ist zwar ein solider Ansatz, er bietet aber dennoch nicht viel mehr als Standardlösungen: Anzeigenwerbung, Direktmarketing durch Mailing-Aktionen, Werbung via Außendienst und Verkauf im Fachhandel (sprich: Produktinformationen wie Flyer und Broschüren, die dem interessierten Kunden übergeben werden). Alle diese Werbemaßnahmen basieren auf Printprodukten. Wenn Sie die bestehende Sichtweise nun umkehren, würde die Aussage lauten: „Für die Werbung dürfen keinerlei Printprodukte eingesetzt werden; es darf nichts Schriftliches zu der neuen Software geben."

Nun sind Sie gezwungen, auf einer ganz anderen Basis neu zu überlegen. Sie könnten folgende Lösungen dazu entwickeln:

- „Wenn wir nicht über unser Produkt schreiben dürfen, dann müssen es andere tun. Überlegen wir also, was geschehen muss, damit in der Presse, in Weblogs, in Internet-Foren über unser Unternehmen und die Software berichtet wird.“
- „Wenn wir nicht über unser Produkt schreiben dürfen, dann sorgen wir dafür, dass darüber geredet wird und nutzen die Mundpropaganda als Marketing (Viralmarketing). Wir initiieren beispielsweise eine Kooperation mit der örtlichen Hochschule für Grafik-Design und stellen kostenlos Lizenzen des Grafikprogramms zur Verfügung. Die Studierenden werden das Programm weiterempfehlen.“

Ein anderes Beispiel: Ihre Aufgabe ist es, ein Konzept zu entwickeln, wie die Reisekosten in Ihrem Unternehmen gesenkt werden können. Die Umkehrung des Problems würde dann lauten: „Wir müssen die Reisekosten auf das Doppelte erhöhen.“ Das erreicht man beispielsweise, indem man nur noch First Class fliegt und in Fünfsternehotels übernachtet, keine Telefonate mehr führt, sondern nur noch persönliche Gespräche sowie einen Chauffeurservice engagiert, der jeden Mitarbeiter morgens zu Hause abholt und zur Arbeit bringt. Und so kommen Sie schnell auf Ideen, die sich jenseits von Business-Class- und Sterne-Verboten bewegen: Sie könnten von kostengünstigen Vorausbuchungen von Flug- und Bahntickets, Video-, Telefon- und Online-Konferenzen hin zur Zusammenlegung von bisher dezentral ansässigen Teams an einem gemeinsamen Standort reichen.

 In einer Gruppe angewandt, bringt die mentale Provokation nicht nur mehr Ideen auf den Tisch, sondern macht auch viel mehr Spaß. Gemeinsam über scheinbar absurde Ideen zu lachen, entspannt, beflügelt, stachelt dazu an, in immer ungewöhnlicheren Bahnen zu denken – und auf einmal ist sie da: die zündende Idee.

Die Reizwortanalyse

Auch die Reizwortanalyse ist eine Kreativitätstechnik, die – in einer Gruppe durchgeführt – sehr viel Spaß macht. Sie gehört zu den Zufallstechniken, denn der Input, den Sie mit Ihrem Problem oder Ihrer Aufgabenstellung in Verbindung bringen, um daraus neue Ideen zu kreieren, basiert auf einer zufälligen Auswahl. Die Methode macht sich das oft beobachtete Phänomen zunutze, dass viele Erfindungen oder Ideen tatsächlich auf der Basis von zufälligen Beobachtungen zustande kommen.

Denken Sie nur an das kleine, meistens gelbe Utensil, das aus den Büros nicht mehr wegzudenken ist: die Haftnotizzettel, die die Firma 3M in den 80er-Jahren entwickelte, und zwar zufällig. Denn die Basiszutat – ein Kleber, der nicht klebt – hatte man schon als Fehlentwicklung verbucht. Aber nur so lange, bis 3M-Mitarbeiter Arthur L. Fry eines Tages im Kirchenchor seinen Einsatz verpasste – weil der Merkzettel in seinem Gesangbuch verrutscht war. Da fiel ihm ein, dass er genau das brauchte, was in seiner Firma schon längst die Top Ten der Fehlentwicklungen anführte: einen Kleber, der nicht dauerhaft klebt, sondern sich rückstandslos wieder ablösen lässt. Die Idee für die Entwicklung der Post-its war da – so besagt es zumindest die Anekdote, von der man wie von vielen anderen Anekdoten nicht genau weiß, ob sie stimmt.

Um die Methode der Reizwortanalyse anzuwenden, benötigen Sie lediglich ein Lexikon. Sie können aber auch einen ganz normalen Versandhauskatalog oder einfach irgendein Buch nehmen. Gehen Sie nun so vor:

- Schlagen Sie das Lexikon – oder ein anderes Medium – an einer beliebigen Stelle auf und erklären Sie das erste Nomen, auf das Sie stoßen, zu Ihrem Reizwort.
- Analysieren Sie nun Ihr Reizwort und notieren Sie alles, was Ihnen dazu einfällt: Was man damit machen kann, wie es funktioniert, was es bewirkt, wie es aussieht, was es für Eigenschaften hat etc.
- Überlegen Sie sich nun, wie Sie das Reizwort beziehungsweise die Dinge, die Sie dazu notiert haben, mit Ihrem Problem oder Ihrer Aufgabenstellung in Verbindung bringen können.

Angenommen, Sie müssen neue Gestaltungs- und Kundenbindungsideen für einen Supermarkt entwickeln, und das Wort, das Sie zufällig ermittelt haben, lautet „Hochsitz". Dann könnte Ihre Reizwortanalyse so aussehen (siehe Abbildung auf der folgenden Seite).

TIPP

Wenn Sie auf der Suche nach Ideen für Aufgabenstellungen in den Bereichen Strategie, Kommunikation, Entwicklung und anderen nicht gestalthaften beziehungsweise abstrakten Bereichen sind, können auch Figuren oder Geschehnisse aus Filmen, Büchern oder Märchen gute Reizobjekte abgeben.

KOMPAKT

Mit Hilfe der mentalen Provokation, der Reizwortanalyse und der nachfolgend vorgestellten TILMAG-Methode lassen sich kreative Ideen generieren, indem über ungewöhnliche, scheinbar abseits gelegene und themenfremde Begriffe beziehungsweise Sachverhalte eine assoziative Beziehung zu einer gestellten Aufgabe erzeugt wird.

Analyse Hochsitz	Ideen Supermarkt
... steht einsam im Wald	?
... bietet Überblick	Aufhängen einer „Luftaufnahme" bzw. einer Überblickskarte im Eingangsbereich, um den Kunden das Auffinden der Waren zu erleichtern
... ist aus Holz	?
... hat eine Leiter und muss erklommen werden	Dafür sorgen, dass der Supermarktleiter oder die -leiterin für Kunden sicht- und ansprechbar ist; eventuell so etwas wie eine „Sprechstunde" organisieren, die quasi zwischen den Regalen stattfindet und in der Kunden Verbesserungswünsche mitteilen können
... auf ihm muss man stundenlang ruhig und nahezu bewegungslos ausharren	Einrichtung einer beaufsichtigten Spielecke für Kinder
... es ist früher Morgen, kalt und dunkel	Einrichtung eines Lebensmittelbringdienstes für Kunden, die zu den regulären Öffnungszeiten nicht kommen können oder – wie alte Menschen – nicht mehr mobil sind

Reizwortanalyse und daraus abgeleitete Ideen

Die TILMAG-Methode

„TILMAG" steht für „Transformation Idealer Lösungselemente durch Matrizen der Assoziations- und Gemeinsamkeitenbildung" und wurde vom Battelle-Institut in Frankfurt entwickelt. Die einzelnen Schritte dieser Methode:

- Als Erstes wird die Problemstellung diskutiert, und zwar in Form von Merkmalen, die die Problemlösung aufweisen muss, den sogenannten „idealen Lösungselementen" (IL).
- Dann wird eine Assoziationsmatrix erstellt, in der die Idealelemente mit spontanen Assoziationen kombiniert werden.
- Als nächstes wird die Gemeinsamkeiten-Matrix entwickelt, in der Assoziationen einander gegenübergestellt werden, um Gemeinsamkeiten zu bilden.
- Als letzter Schritt erfolgt dann die „schöpferische Konfrontation", um Lösungsansätze zu ermitteln.

Nehmen wir noch einmal das Supermarktbeispiel aus dem letzten Abschnitt. Angenommen, die idealen Lösungselemente (IL) sähen so aus:

IL 1: Supermarktleiter ist ansprechbar
IL 2: Kunden haben den Überblick
IL 3: Kinder sind betreut
IL 4: Bringdienst erspart Zeit und Anfahrt

Die idealen Lösungselemente sollen immer positiv formuliert sein, sich auf das Problem beziehungsweise die Anforderung beziehen, kurz und genau ausgedrückt werden und sprachlich möglichst einfach gehalten sein. Außerdem sollten Sie nicht mehr als sechs ideale Lösungselemente definieren.

Erstellen Sie nun die Assoziationsmatrix nach dem Muster der folgenden Abbildung (Horizontale: IL1 bis IL (n – 1); Vertikale: ILn bis IL2) und notieren Sie in die freien Felder Ihre Assoziationen zu den jeweiligen Begriffspaaren – frei und spontan. Die unten stehende Tabelle zeigt eine bereits ausgefüllte Matrix als Beispiel.

Sie können nun eine erste Ideenfindungsphase starten, indem Sie die gefundenen Assoziationen als Reizworte betrachten und einer Reizwortanalyse unterziehen. Im nächsten Schritt untersuchen Sie, welche Gemeinsamkeiten die gefundenen Assoziationen haben, indem Sie sie in eine Gemeinsamkeiten-Matrix eintragen. Sie können hier durchaus die

IL 1 bis IL (n–1) → ↓ ILn bis IL 2	IL 1: Supermarktleiter ist ansprechbar	IL 2: Kunden haben den Überblick	IL 3: Kinder sind betreut
IL 4: **Bringdienst erspart Zeit und Anfahrt**	A 1: Verständnis	A 4: Sicherheit	A 6: Freiheit
IL 3: **Kinder sind betreut**	A 2: Großvater	A 5: Sorglosigkeit	×
IL 2: **Kunden haben den Überblick**	A 3: Kooperation	×	×

Ausgefüllte Assoziationsmatrix (TILMAG-Methode)

A 1 bis A (n−1) → ↓ An bis A 2	A 1 Verständnis	A 2 Großvater	A 3 Kooperation	A 4 Sicherheit	A 5 Sorglosigkeit
A 6: Freiheit					
A 5: Sorglosigkeit					×
A 4: Sicherheit				×	×
A 3: Kooperation			×	×	×
A 2: Großvater		×	×	×	×

Gemeinsamkeiten-Matrix (TILMAG-Methode)

Assoziationen weglassen, die Ihnen wenig aussichtsreich erscheinen. Auch hier gilt: Kombinationen aus gleichen Assoziationen sowie zweifach vorkommende Kombinationen müssen gestrichen werden.

Die Gemeinsamkeiten-Matrix sehen Sie unten stehend.

Gehen Sie nun so vor wie bei der Assoziationsmatrix und notieren Sie die Gemeinsamkeiten, die Ihnen zu den Assoziationskombinationen einfallen. Sie brauchen nicht alle Felder auszufüllen. Wenn Sie allerdings hinter den Begriffspaaren Gemeinsamkeiten entdecken, dann ist die Wahrscheinlichkeit hoch, dass Sie einer guten Idee auf der Spur sind.

Die Gemeinsamkeiten können Sie nun wiederum als Basis zur nächsten Runde der Ideenfindung nehmen (siehe Abbildung unten). Was fällt Ihnen spontan zu einzelnen oder allen Begriffen ein? Im Fallbeispiel „Supermarkt" könnte daraus ein Konzept erwachsen, das den Begriff „Familie" oder „Großfamilie" in den Mittelpunkt der Entwicklung eines Gestaltungs- und Kundenbindungskonzepts stellt. Im „Familienmarkt" finden alle das, was sie brauchen, ungeachtet des Alters oder Geschlechts – wie in einer Familie: Betreuung, Versorgung, Kontakt, Vertrauen durch Offenheit, Sicherheit, aber auch die Freiheit, ihren Bedürfnissen nachgehen zu können, während andere sich in dieser Zeit um die Versorgung der Familienmitglieder kümmern.

A 1 bis A (n–1) → ↓ An bis A 2	A 1 Verständnis	A 2 Großvater	A 3 Kooperation	A 4 Sicherheit	A 5 Sorglosigkeit
A 6: Freiheit	?	?	?	?	?
A 5: Sorglosigkeit	?	?	beides setzt Vertrauen voraus	?	×
A 4: Sicherheit	?	beide bieten Verläss-lichkeit	?	×	×
A 3: Kooperation	dazu ist Austausch nötig	?	×	×	×
A 2: Großvater	beide benötigen Reife und Erfahrung	×	×	×	×

Ausgefüllte Gemeinsamkeiten-Matrix (TILMAG-Methode)

Imaginäres Brainstorming

Das imaginäre Brainstorming folgt ebenfalls dem Muster, dass völlig fremde Dinge oder Sachverhalte mit dem eigentlichen Problem in Verbindung gebracht werden sollen, und zwar im Rahmen eines strukturierten Verfahrens, das von Arthur F. Keller entwickelt wurde. Es hilft, die Gedanken vom eigentlichen Problem zu lösen und in gänzlich neue Richtungen zu lenken – wie schon erwähnt die Voraussetzung für die Entwicklung wirklich innovativer Ideen.

Das ist die Vorgehensweise:

- Ersetzen Sie wesentliche Gegebenheiten des Problems durch andere – das können Begriffe aus Fantasiewelten sein, aus anderen Themenfeldern, Fachgebieten, aus dem Alltagsleben – Hauptsache, sie sind radikal anders.
- Entwickeln Sie nun Ideen, wie man dieses imaginäre Problem lösen könnte.
- Prüfen Sie abschließend, wie sich diese Ideen auf das ursprüngliche Problem beziehungsweise Ihre Aufgabenstellung übertragen lassen.

Kehren wir noch einmal zum Fallbeispiel „Supermarkt" zurück. Das Problem beziehungsweise Ihre Aufgabe ist es, ein Konzept zu entwickeln, das Antworten auf die folgende Frage findet: „Was können wir tun, damit der Supermarkt nicht nur schön und kundenorientiert gestaltet ist, sondern auch das Serviceangebot den Bedürfnissen unserer Kunden gerecht wird?"

Einige wesentliche Gegebenheiten des Problems sind:

- Der Supermarkt hat Regale mit nach Gruppen sortierten Waren.
- Der Supermarkt liegt außerhalb eines Orts „auf der grünen Wiese".
- Die Kunden haben wenig Zeit.
- Die Kinder der Kunden schreien nach Süßigkeiten.

Ändert man nun die wesentlichen Gegebenheiten, könnte man folgende imaginäre Probleme entwerfen:

- Der Supermarkt hat Regale, die leer sind.
- Der Supermarkt liegt unter Wasser.
- Kunden machen Ferien im Supermarkt und wollen nicht mehr nach Hause gehen.
- Die Kinder der Kunden blubbern Seifenblasen.

Sie können nun nach Lösungen für alle imaginären Probleme suchen, sich aber auch ein oder zwei Problemfelder herausgreifen. Nehmen wir einmal an, Sie entscheiden sich für Problem 2 und 3:

Problem 2: Der Supermarkt liegt unter Wasser – mögliche Lösung:
Bei Unterwasserexkursionen ist es üblich, die Taucher zu festgelegten Zeiten zentral zu versammeln und dann in einem Boot zu der Stelle zu bringen, an der sie tauchen wollen. Von dort kann dann jeder Taucher allein seinen Weg fortsetzen. Also organisiert der Supermarktleiter ein entsprechendes Boot und bringt die Taucher zur richtigen Absprungstelle.

Daraus abgeleitete Lösung des ursprünglichen Problems: Um Menschen ohne Auto den Besuch des Supermarkts zu ermöglichen, könnte ein Shuttle-Service angeboten werden:

Kleinbusse halten an zentralen Stellen im Ort und bringen die Kunden zum Einkaufen in den Supermarkt auf der grünen Wiese.

Problem 3: Kunden machen Ferien im Supermarkt und wollen nicht mehr nach Hause gehen – mögliche Lösung:
Kunden dürfen erst gar nicht in den Supermarkt hinein, sondern werden vom Personal gleich am Eingang verjagt.

Daraus abgeleitete Lösung des ursprünglichen Problems: Einrichtung eines Drive-in-Schalters, an dem Kunden mit kleinen Bestellmengen (bis zu zehn Waren) ihre Einkäufe schnell vom Auto aus erledigen können.

Je realitätsferner die imaginären Probleme sind, die Sie entwerfen, desto erfolgsträchtiger ist diese Methode. Wenn Sie sich nicht ein gutes Stück von Ihrem realen Problem entfernen, verlassen Sie auch die eingefahrenen Denkstrukturen nicht. Auch diese Methode macht, in der Gruppe angewandt, mehr Spaß als allein und fördert mehr Ergebnisse zutage.

TIPP

Visualisierung: Traumbilder und echte Bilder

Traumbilder

Alle Kreativitäts- und Ideenfindungstechniken beziehen Ihr Unterbewusstsein in den Prozess der Ideenentwicklung mit ein. Um gute, originelle und innovative Ideen ins Tagesbewusstsein zu holen, bedarf es einer gewissen Entspanntheit – und gleichzeitig einer Konzentration im Sinne der Fähigkeit, störende Einflüsse von außen abschalten zu können und Ihre Energien ganz auf einen Punkt zu konzentrieren.

Wenn Sie daran denken, in welchem Zustand Sie sich befinden, wenn Sie einschlafen, fällt Ihnen vielleicht die Ähnlichkeit mit dem eben beschriebenen Szenario auf. Und vielleicht erinnern Sie sich dann auch daran, dass Sie in der Phase des Übergangs vom Wachsein zum Schlaf oft die unglaublichsten Bilder träumen. Dieser Übergang heißt „hypnagoge Phase" (hypnagog bedeutet „zum Schlaf führend" oder „einschläfernd"). Die Tatsache, dass Sie dann (Traum-)Bilder „sehen", können Sie auch als eine Methode zur Ideenfindung einsetzen – denn die hypnagoge Phase ist eigentlich ein perfekter Zeitpunkt, Entschlüsse zu fassen oder ein inneres Bild, eine aus Ihrem Unterbewusstsein stammende Lösung für ein Problem, zu „träumen". Oder eben eine zündende Idee für Ihr Konzept zu finden. Schlafen Sie einfach mal darüber!

Der Haken an der Sache: Im hektischen Arbeitsalltag werden Sie kaum die Zeit, die innere Ruhe und vor allem auch nicht den Rückzugsort haben, um „ein kreatives Nickerchen" einzulegen. Ganz zu schweigen davon, dass Sie förmlich unter Strom stehen und überhaupt nicht müde sind. Da hilft nur eins: Warten Sie, bis es Zeit ist, ins Bett zu gehen.

Und so funktioniert die Traumbildertechnik:

- Legen Sie sich hin, schließen Sie Ihre Augen, entspannen Sie sich und lassen Sie Ihre Gedanken fließen. Beobachten Sie Ihre Gedanken, lassen Sie sie kommen und gehen wie die Wolken am Himmel.
- Konzentrieren Sie sich dann auf Ihr Problem oder Ihre Aufgabenstellung: Was können Sie tun, um die Supermarktkunden zu Stammkunden zu machen?
- Denken Sie darüber nach und imaginieren Sie Bilder dazu, während Sie langsam in den Schlaf gleiten.

- Kurz bevor Sie tatsächlich einschlafen, müssen Sie sich überwinden, aufstehen und kurze Notizen zu den Bildern machen, die Sie imaginiert haben.
- Wenn Sie den Zeitpunkt verpasst haben, an dem es Ihnen noch möglich gewesen wäre, aufzustehen, weil Sie vorher eingeschlafen sind, dann notieren Sie am nächsten Morgen Ihre Träume – oft weisen auch sie den Weg zur Lösung. Damit Sie sich nach dem Aufwachen an Ihre Träume erinnern können, weisen Sie Ihr Unterbewusstsein an, Ihnen die Erinnerung daran zugänglich zu machen.

In manchen Unternehmen wird den Mitarbeitern die Möglichkeit zum „Power-Napping" geboten, dem leistungsfördernden Kurzschlaf. Ein solcher Kurzschlaf eignet sich hervorragend, um aus dem Unterbewusstsein Traumbilder zutage zu fördern, die bei der Lösung eines Problems helfen können. Aber Achtung: Der Kurzschlaf sollte nicht länger als 20 Minuten dauern. Danach geraten Sie in eine Tiefschlafphase, aus der Sie nicht so leicht wieder aufwachen. Stellen Sie sich am besten einen Wecker.

Echte Bilder

Die menschliche Kreativität sitzt – einer vereinfachten populärwissenschaftlichen Darstellung nach – in der rechten Hirnhälfte, das Sprachzentrum dagegen überwiegend in der linken. Wer nun seine Kreativität anregen möchte, schafft dies unter Umständen mit Tätigkeiten, die seine rechte Hirnhälfte anregen. Dazu gehören alle Visualierungstechniken, auch das Malen. Deswegen kritzeln zum Beispiel viele Menschen unbewusst auf einem Stück Papier herum, während sie über einem Problem brüten. Machen Sie sich dieses Phänomen zunutze!

- Konzentrieren Sie sich auf Ihr Problem.
- Zeichnen, skizzieren oder kritzeln Sie nun, was Sie vor Ihrem inneren Auge sehen. Nehmen Sie dazu, was Sie gerade zur Hand haben: einen Bleistift, Filzstifte, Textmarker oder die Wachsmalstifte Ihrer Kinder.
- Schauen Sie sich das Ergebnis an und überlegen Sie, welche neue Perspektiven auf Ihr Problem oder Ihre Aufgabenstellung sich ergeben.

Für das nächste Mal

Die in diesem Kapitel beschriebenen Techniken können Sie allein anwenden. Tut man dies jedoch in einer Gruppe (oder auch nur mit einem einzelnen Kollegen), fällt es den meisten Menschen leichter, sich zu konzentrieren und gleichzeitig zu entspannen. Denn wenn man Kreativitätstechniken in der Gruppe anwendet, ist meistens für herzhafte Lacher gesorgt, und Lachen ist schon seit jeher eine der besten Entspannungsmethoden, um neue Ideen ans Tageslicht zu bringen! Planen Sie also für Ihr nächstes Konzept den Einsatz von Kreativitätstechniken innerhalb einer Gruppe ein.

Das Konzept vorbereiten

Die Hypothese aufstellen und überprüfen

Der letzte Schritt vor der schriftlichen Formulierung Ihres Konzeptes besteht im Aufstellen einer zentralen (Hypo-)These. Ihre zentrale Erkenntnis, die Sie bei der Interpretation der Ihnen vorliegenden Informationen wie auch in der Kreativitätsphase gewonnen haben, mündet in eine Hypothese. Sie ist die Kernaussage Ihres Konzeptes, sozusagen „des Pudels Kern".

Die Hypothese sollte in einem einfachen, klaren und verständlichen Satz ausgedrückt werden und begründbar sein, zum Beispiel:

- „Bei der Wahl zwischen den Alternativen A, B, C, D und E entscheide ich mich für D, weil ..."
- „Unter den Problemen F, G, H, I, K ist G das zentrale, denn ..."
- „Für das Problem XYZ sind L und M die richtigen Lösungen, weil ..."
- „Unter den Faktoren N, O, P und Q hat N die stärkste Wirkung und sollte daher vorrangig behandelt werden, denn ..."
- „Im Rahmen des Projektes RST sollte die weitere Reihenfolge der Arbeitsschritte U, V und W sein, weil ..."

TIPP *Ihr Konzept sollte immer eine zentrale Hypothese beinhalten. Diese ist der Angelpunkt, um den sich Ihr Konzept dreht, beziehungsweise das Fundament, auf dem es fußt. Die Hypothese ist die von Ihnen gefundene zentrale Lösung für das Problem beziehungsweise die gestellte Aufgabe.*

Die Formulierung der zentralen These ist natürlich vom Ziel und der Aufgabe des jeweiligen Konzeptes abhängig. Viele Formulierungen sind denkbar. Je nach Umfang Ihres Konzeptes ist es möglich, dass Ihre zentrale Hypothese von weiteren untergeordneten Hypothesen ergänzt und erweitert wird.

Unterscheiden Sie aber klar zwischen untergeordneten Hypothesen und Begründungen für Ihre zentrale These. Begründungen sind niemals weitere Hypothesen, sondern Fakten, die aus Ihren Informationen hervorgehen und die Hypothese untermauern oder belegen. Auch Ihre untergeordneten Hypothesen sollten Sie anhand von Fakten belegen beziehungsweise begründen.

Die Pyramiden-Methode

Um zu überprüfen, ob Ihre Argumentation schlüssig und plausibel ist, können Sie die von Barbara Minto entwickelte Pyramiden-Methode verwenden. Sie hilft, Gedanken logisch klar von oben nach unten – in Form einer Pyramide – zu strukturieren.

Die Pyramide besteht aus Kästchen auf drei bis vier verschiedenen Ebenen. In jedes Kästchen wird eine Hypothese eingetragen, die Bestandteil Ihres Konzeptes ist. Das Wichtige dabei: Die Hypothesen auf jeder Ebene müssen zur selben gedanklichen Stufe gehören; jedes übergeordnete Kästchen muss immer die nächsthöhere Abstraktionsstufe der darunter liegenden Kästchenreihe darstellen. Darin liegt die Logik des Systems. Das Eintragen der Hypothesen in die Kästchen hilft zu überprüfen, ob Ihr Gedankengang die logischen Zusammenhänge wirklich richtig darstellt.

Jedes Konzept lässt sich über eine umfassende Pyramidenstruktur vollständig mit beliebig vielen Kästchen in der Horizontalen und der Vertikalen darstellen, sofern Sie wirklich schlüssig argumentiert haben. Nehmen wir an, das oberste Kästchen steht für die zentrale Hypothese, dann repräsentiert die nächste darunter liegende Kästchenreihe die untergeordneten Hypothesen. In der dritten Kästchenreihe stehen dann die Fakten, aus denen Sie die Hypothesen gewonnen haben.

Angenommen, Ihre zentrale Hypothese lautet: „Das Marketingproblem lässt sich durch Erhöhung der Werbeaufwendungen lösen." In der nächsten Reihe darunter steht: „Preissenkungen bleiben wirkungslos." und „Eine verbesserte Distributionspolitik führt nicht zu nennenswert höheren Gewinnen." Im Laufe des Anlegens Ihrer Pyramide bemerken Sie nun durch Auflistung der Fakten in der dritten Kästchenreihe, dass auch die „differenziertere Schulung des Außendienstes" das Marketingproblem löst und daher eigentlich auf derselben Stufe steht wie die „Erhöhung der Werbeaufwendungen" an der Spitze der Pyramide.

Ohne Pyramide wäre Ihnen die beschriebene Unvollständigkeit Ihres Konzeptes womöglich gar nicht aufgefallen. Dank der Pyramide bemerken Sie den logischen Schwachpunkt in Ihrer Argumentationskette rechtzeitig und verbessern damit entscheidend Ihr Konzept, das sonst auf tönernen Füßen gestanden hätte. Die vertikale Anordnung der Gedanken zwingt Sie dazu, verschiedene Abstraktionsstufen klar voneinander und damit Wichtiges von weniger Wichtigem zu unterscheiden.

Die Pyramide können Sie auf zwei unterschiedlichen Wegen „aufsetzen": entweder von unten nach oben oder von oben nach unten. Das Bottom-up-Verfahren von unten nach oben bezeichnen Wissenschaftler als induktives Vorgehen. Es heißt nichts anderes, als dass man aus einer Menge von Fakten Gruppen bildet und daraus immer höherwertigere, abstrakte Aussagen ableitet (sowie sie dann in die jeweiligen Kästchen der Pyramide einträgt, von unten nach oben). Man kommt also von den Fakten zur These.

Das Gegenstück dazu, das Erstellen der Pyramide von oben nach unten, also top down, heißt im Rahmen des wissenschaftlichen Arbeitens deduktives Vorgehen: Zuerst werden eine zentrale Hypothese und die untergeordneten Hypothesen formuliert, dann muss man prüfen, ob es ausreichend Fakten gibt, die die Thesen untermauern können, sprich: ob die These der Realität genügen kann.

Barbara Minto hält den Top-down-Weg für effektiver, weil man ausgehend von der zentralen Hypothese gezielt nach den sie belegenden Fakten sucht. Er birgt allerdings auch die Gefahr, dass man Augen und Ohren nur noch für das offen hält, was zur These passt; alles Übrige, insbesondere der These widersprechende Aussagen oder Sachverhalte, wird ausgeblendet. Diese Sicht auf die Dinge ist vielleicht zielorientiert, aber nichtsdestotrotz eingeschränkt, sofern man nicht aufpasst.

Um eine eingeschränkte Sicht auf die Fakten zu verhindern, können Sie eine   **TIPP**
zweite Pyramide aufsetzen, in der Sie in gleicher Manier eine Gegenthese zu Ihrer eigentlichen Hypothese aufstellen und top-down (oder deduktiv) überprüfen.

Sie können Ihre Pyramide und damit Ihre Hypothesen und die logischen Zusammenhänge auf Lückenlosigkeit und Konsistenz überprüfen, und zwar anhand folgender Kriterien:

- *Vollständigkeit:* Haben Sie alle Ihre Hypothesen und die dazugehörigen Fakten erfasst und in die Pyramide eingetragen?
- *Konsistenz:* Haben die Hypothesen, die Sie einer Stufe zugeordnet haben, den gleichen Abstraktionsgrad? Fassen also die Hypothesen einer Stufe immer die ihnen untergeordneten Hypothesen schlüssig zusammen?
- *Homogenität:* Stehen die Hypothesen einer Gruppe in einem sinnvollen Zusammenhang? Haben sie Gemeinsamkeiten?
- *Abgrenzung:* Sind die einzelnen Untergruppen klar voneinander unterschieden? Haben sie keine inhaltlichen Überschneidungen?

KOMPAKT

Nutzen Sie die Pyramiden-Methode, um das gesamte Gedankengebäude Ihres Konzeptes auf Vollständigkeit und Logik zu überprüfen. Die Pyramide unterstützt Sie dabei, aus der Fülle der vorliegenden Ansätze, Ideen und Informationen eine zentrale Hypothese herauszuarbeiten, diese durch untergeordnete Hypothesen zu ergänzen beziehungsweise zu vervollständigen und das gesamte Konzept schlüssig zu begründen.

Die Perspektive der Adressaten berücksichtigen

Nachdem Sie Ihre Informationen interpretiert und die Hypothese(n) aufgestellt haben, sind Sie schon beinahe so weit, dass Sie zu schreiben beginnen können. Doch zwischen der geistigen Ordnung, die Sie jetzt in Ihrem Kopf – beziehungsweise auf Konzeptkarten, Mind- oder Conceptmaps oder in einer Pyramidenstruktur – vorläufig festgehalten haben, und der Ordnung, die Ihr Konzept auf dem Papier in schriftlicher Form bekommen sollte, liegt derzeit noch eine Diskrepanz. Sie ergibt sich aus dem Unterschied zwischen der Perspektive, die Sie als Experte für Ihr

Konzept und Ihr Thema haben, und derjenigen Ihrer Adressaten, die als Laien mit den Inhalten gar nicht oder nur oberflächlich vertraut sind. Da Sie mit Ihrem Konzept Ihre Zielgruppe informieren und überzeugen wollen, ist es notwendig, dass Sie sich auf deren Perspektive einstellen, damit Sie Ihr Konzept aus deren Sicht schreiben können.

Sie sollten beim Ausformulieren berücksichtigen, dass die Adressaten Ihres Konzeptes eine andere Perspektive haben als Sie. Ein wirkungsvoll formuliertes Konzept löst sich von der Perspektive des Autors beziehungsweise Konzeptentwicklers und ist stattdessen auf die Sicht des Empfängers zugeschnitten. Getreu dem Motto: Der Köder muss dem Fisch schmecken, nicht dem Angler.

Stellen Sie sich vor Beginn des Schreibprozesses folgende Fragen:
- Sind Ihre Adressaten (Ihre späteren Leser oder Zuhörer, Ihre Rezipienten beziehungsweise die Zielgruppe des Konzepts) eher Laien oder Fachleute auf dem Themengebiet Ihres Konzeptes? Haben die Betreffenden mit Inhalt und Thema Ihres Konzeptes nur am Rande zu tun gehabt, oder gehört es thematisch zu ihrem zentralen Arbeitsgebiet?
- Was wissen Ihre Adressaten bereits über den Inhalt des Konzeptes, was nicht?
- Welche Fakten, Sachverhalte und Zusammenhänge sind als allgemein bekannt vorauszusetzen, welche sind neu, unbekannt oder ungewöhnlich?
- Haben Sie in Ihrem Konzept völlig neue Zusammenhänge erarbeitet, die noch niemand bisher erkannt hat?
- Kennen Ihre Adressaten Ihre zentrale Hypothese oder nicht?

- Wo würden Ihre Adressaten eher andere Schlussfolgerungen, Gedankengänge oder Hypothesen vermuten, als Sie sie in Ihrem Konzept beabsichtigen darzustellen?

Alles, was Ihre Adressaten vermutlich nicht kennen oder wissen (können), müssen Sie explizit, klar, verständlich und eindeutig darlegen sowie nötigenfalls auch ausführlich erläutern. Es dürfen keinesfalls Sachverhalte – oder auch Fachbegriffe – als bekannt vorausgesetzt werden, die es nicht sind. Eher ist es angebracht, Dinge, die möglicherweise bekannt sind, zu erklären, als solche, die auf jeden Fall unbekannt sind, ohne Erklärungen einfach als gewusst vorauszusetzen.

Allgemein besteht die Neigung, bei den Adressaten zu viele Kenntnisse, oft auch zu viel Fach- oder Hintergrundwissen, vorauszusetzen – ein Fehler, der häufig begangen wird. Der Konzeptentwickler hat sich lange und intensiv in die Materie eingearbeitet. Wie selbstverständlich geht er nun davon aus, dass auch die Adressaten in seinem Umfeld (Kollegen, Mitarbeiter, Vorgesetzte und so weiter) genauso viel wissen wie er selbst. Das ist jedoch so gut wie nie der Fall, denn sonst bedürfte es ja keines Konzeptes! (Es sei denn, es handelte sich schon von vornherein um eine Alibi-Aufgabe.)

Wer ein Konzept entwickelt, bemerkt zumeist nicht, dass sich sein Know-how im Verlaufe des Erarbeitungsprozesses enorm vergrößert hat, während dasjenige seiner Adressaten in der Zwischenzeit stehen geblieben ist. Der Konzeptentwickler selbst ist auf dem Themengebiet seines Konzeptes zum Experten geworden; seine Adressaten hingegen sind es (noch) nicht. Wissen über das Konzept inklusive der thematischen Zusammenhänge ist bei den Adressaten im Zweifelsfall eher nur bruchstückhaft oder rudimentär vorauszusetzen, niemals jedoch als vollständig vorhanden zu unterstellen. Wird bei den Adressaten zu viel Know-how vorausgesetzt, besteht die Neigung, das Konzept „über deren Köpfe hinweg" zu verfassen, es also an Erläuterungen, Erklärungen und Begründungen bestimmter Zusammenhänge fehlen zu lassen. Vieles bleibt dann für die Empfänger unverständlich oder ist nicht nachvollziehbar, manches wird dementsprechend als fragwürdig oder zweifelhaft bewertet. Schlimmstenfalls wird das gesamte Konzept mit seinen Ergebnissen von den Adressaten abgelehnt! Das Konzept bliebe – trotz der umfangreichen und gründlichen Arbeiten daran – wirkungslos und nutzlos. Der Konzeptentwickler hätte sich somit alle Mühe umsonst gemacht – und das nur, weil es an der richtigen Perspektive bei der Ausformulierung und der sprachlichen Darstellung wichtiger, aber unbekannter Zusammenhänge mangelt. Dies darf auf keinen Fall passieren.

Stellen Sie sich vor Beginn des Schreibprozesses innerlich ganz auf die Perspektive Ihrer Adressaten ein. Klären Sie vorab, was diese wissen können, was nicht. Notfalls machen Sie Stichproben, indem Sie einzelne Personen danach befragen, ob sie konkrete, von Ihnen skizzierte Sachverhalte oder Zusammenhänge kennen oder nicht. Notieren Sie sich vorab, was Sie in Ihrem Konzept ausführlich erklären und begründen müssen, damit der Inhalt für alle Adressaten nachvollziehbar ist und vor allem überzeugt.

KOMPAKT

Hat Ihr Konzept sehr heterogene Adressaten gleichzeitig – zum Beispiel Laien einerseits und Fachexperten andererseits –, so ist es unter Umständen sinnvoll, das Konzept in zwei verschiedenen Versionen auszuformulieren, um die unterschiedlichen Zielgruppen gleichermaßen zu erreichen und vom Inhalt zu überzeugen.

Die Gliederung erstellen

Je umfangreicher Ihr Konzept, desto wichtiger ist eine klare Gliederung, die Ihre Leser Schritt für Schritt in verständlicher und nachvollziehbarer Weise zu dem von Ihnen gewonnenen Ergebnis hinführt. Die folgende Gliederung ist für alle Konzepte geeignet, und zwar unabhängig von ihrem Thema und Ziel.

Inhaltselemente eines Konzeptes:
1. Titel und Untertitel
2. Inhaltsverzeichnis
3. These und gegebenenfalls Unterthesen
4. Quintessenz des Inhalts
5. Einführung mit „Aufhänger"
6. Hauptteil
7. Schluss(folgerung)
8. Anlagen, sofern vorhanden

Es klingt trivial, wird aber häufig vergessen: Jedes Konzept sollte – auch wenn es nicht länger als eine Seite ist – einen **Titel** haben, damit der Leser sich sofort orientieren kann, worum es geht.

> **TIPP** *Wählen Sie einen treffenden und zugkräftigen Titel für Ihr Konzept.*

Bei längeren Konzepten von zwanzig oder mehr Seiten kann zusätzlich noch ein **Untertitel** verwendet werden. Der Titel sollte eine kurze Definition des Inhalts geben. Manchmal ist es möglich, die zentrale These eines Konzeptes als Titel zu verwenden, sofern dann der Untertitel das Thema genauer erklärt.

Nehmen wir an, Ihr Konzept hatte das Ziel, die Auswirkungen verschiedener Werbeinstrumente auf den Absatz eines Produktes zu ermitteln, und Sie sind zu dem Ergebnis gekommen, dass durch verbesserte Directmailings mehr verkauft werden könnte. Dementsprechend könnten Titel und Untertitel Ihres Konzeptes lauten: „Durch Verbesserung des Direktmarketings den Umsatz um 30 Prozent steigern – Ergebnisse der Werbewirkungsanalyse des Softwareproduktes XY". Dieser Titel drückt bereits Ihre zentrale Hypothese beziehungsweise Ihre gefundene Problemlösung aus; zudem weckt er beim Leser die positive Erwartung, dass ein bestehendes Problem produktiv gelöst werden kann, was die Lesebereitschaft deutlich erhöht. Der Untertitel präzisiert, um welches Produkt und um welche Art von Analyse es sich in Ihrem Fall handelt.

Sie können Ihren Titel auch provozierend formulieren, besonders dann, wenn Sie eine These aufstellen, die der allgemeinen Erwartung zuwiderläuft, zum Beispiel: „Anzeigenwerbung lässt den Umsatz stagnieren – Ergebnisse der Werbewirkungsanalyse des Softwareproduktes XY".

Nicht immer ist es möglich oder notwendig, einen „peppigen" Titel für Ihr Konzept zu finden. Manche Titel klingen daher auch einfach sachlich-nüchtern und korrekt, zum Beispiel: „Bericht über den Ablauf des Projektes XY vom 23. September bis zum 30. November 2008".

Als Nächstes folgt in Ihrem Konzept das **Inhaltsverzeichnis**, das die einzelnen Überschriften Ihrer Einführung, Ihres Hauptteils und Schlusses mit den entsprechenden Seitenzahlen vermerkt. Natürlich können Sie das Inhaltsverzeichnis erst erstellen, wenn Sie die Gliederung festgelegt haben; es wird daher im nächsten Unterkapitel behandelt.

Generell sollten alle Konzepte, die mehr als sieben bis zehn Seiten Text umfassen, ein Inhaltsverzeichnis aufweisen. Denn nur so kann sich der Leser schnell orientieren, ohne alles lesen zu müssen.

Prinzipiell können Sie davon ausgehen, dass Ihre Leser dasselbe Problem haben wie Sie: Sie ertrinken in einer Flut täglicher Informationen und haben häufig nicht die Zeit, alles zu lesen, was auf ihrem Schreibtisch landet. Vieles wird nur an- oder quergelesen und manches bleibt auf dem Stapel „Unerledigtes" liegen. Natürlich kann das auch Ihrem Konzept passieren, das dann schlimmstenfalls gar nicht zur Kenntnis genommen wird, obwohl es produktive Problemlösungen oder kreative Ideen enthält! In vielen großen Unternehmen „versanden" regelmäßig die guten Ideen, die engagierte Mitarbeiter in schriftlicher Form einbringen.

Zwingen Sie daher Ihre Leser nicht dazu, Ihr Konzept vollständig zu lesen, bis sie zu Ihren Kernaussagen vordringen. Verstecken Sie also Ihre zentrale(n) **These(n)** nicht irgendwo weit hinten in Ihrem Konzept, sondern achten Sie darauf, dass Ihre Leser sie so schnell wie möglich zur Kenntnis nehmen – selbst dann, wenn sie Ihr Konzept gar nicht lesen oder kaum hineinschauen.

TIPP *Präsentieren Sie das Wesentliche so, dass Ihre Leser es bereits innerhalb der ersten Minute, in der sie es in den Händen halten, zwingend aufgenommen haben müssen.*

Dies ist zum einen durch eine geschickte Wahl des Titels möglich und zum anderen dadurch, dass Sie Ihre Kernaussage gleich an den Anfang des Konzeptes stellen, noch bevor sich der Leser überhaupt mit irgendwelchen Details oder Fakten ansatzweise auseinandergesetzt hat. Wenn Sie Ihr Konzept mit Ihrer These und einer kurzen Begründung in einem bis drei Sätzen beginnen, kann dem Leser das Wesentliche unter keinen Umständen entgehen, ob er nun will oder nicht. Ist dann das Interesse geweckt, weil Ihre These „spannend" oder vielversprechend klingt, so ist die Wahrscheinlichkeit groß, dass der Leser sich mit dem weiteren Inhalt Ihres Konzeptes befasst – trotz der übrigen Arbeit auf seinem Schreibtisch.

Es funktioniert genau umgekehrt wie häufig angenommen: Das Verstehen Ihrer **KOMPAKT** *zentralen Kernaussage ist nicht die „Belohnung" des Lesers dafür, dass er sich mit großem Zeitaufwand durch Ihren Konzepttext hindurchgearbeitet hat; sondern dass Ihr Konzept überhaupt gelesen wird, ist Ihre „Belohnung" dafür, dass Sie die Kernaussage gut und selbst mit geringstem Zeiteinsatz erfassbar und unübersehbar herausgestellt haben.*

Bei umfangreichen Texten von hundert Seiten oder mehr, zum Beispiel bei Büchern, wird Ihr Konzept mehr als nur eine einzelne These umfassen. In diesem Falle können Sie auch die untergeordneten Thesen kurz nennen. Nehmen Sie dabei die von Ihnen aufgestellte Pyramide, auch grafisch, zur Hilfe. Schreiben Sie in jedes Kästchen einen vollständigen Satz als Ausformulierung Ihrer jeweiligen These hinein. So erhält der Leser einen visuell einprägsamen Kurzüberblick darüber, was ihn erwartet. Insgesamt sollte die Präsentation Ihrer Thesen nicht länger als eine Seite sein.

Vielleicht wird der Leser jetzt noch immer zögern, ob er Ihr gesamtes Konzept lesen soll oder nicht. Er wird im Stillen seinen erforderlichen Arbeitsaufwand gegen seinen möglichen Nutzen, also den Erkenntnisgewinn aus Ihrem Konzept, aufrechnen und auf dieser Basis eine Entscheidung treffen.

Erleichtern Sie ihm die Entscheidung, indem Sie direkt im Anschluss an Ihre These eine **Quintessenz** anfügen. Sie fasst die wichtigsten Informationen und Kernaussagen Ihres Konzeptes unter Einbeziehung der These(n) zusammen und sollte maximal eine Seite umfassen.

Gliedern Sie Ihr Konzept so, dass auch eilige Leser die wichtigsten Aussagen sofort finden.

Nun können Sie sicher sein, dass Ihre Zielgruppe auf jeden Fall Ihr Konzept zur Kenntnis genommen hat! Sogar Leser, die nicht mehr als 30 Sekunden bis eine Minute auf Ihr Konzept verwendet haben, um „nur mal eben hineinzuschauen, worum es geht", haben zumindest das Wichtigste erfasst, ja sind geradezu unabsichtlich darüber gestolpert.

Erst jetzt beginnt mit der nachfolgenden **Einführung** das „eigentliche" Konzept. In der Einführung sollten Sie den Leser schrittweise an das Thema heranführen, den Sachverhalt, die Situation oder den derzeitigen Status quo erläutern. Bedenken Sie dabei stets, dass Ihre Leser zumeist Laien sind und Sie daher Dinge, die Ihnen aufgrund Ihrer gründlichen Einarbeitung in das Thema selbstverständlich erscheinen, vielleicht erst erklären müssen. Die Einführung beantwortet Fragen wie: Worum geht es überhaupt? Wie lautet das Problem, für das eine Lösung gefunden werden muss? Wie stellt sich die Situation momentan dar und wie wäre der Idealzustand? Erklären Sie ebenfalls wichtige Fachbegriffe oder Abkürzungen, auf die Sie im Hauptteil zurückgreifen wollen.

Ein weiterer Kunstgriff, um Ihre Leser im Text zu halten – damit sie nicht schon nach Lektüre der Quintessenz Ihr Konzept beiseite legen –, besteht darin, die Einführung mit einem so genannten „Aufhänger" oder „Aufreißer" zu beginnen: Ködern Sie Ihre Leser mit einer spannenden kleinen Geschichte, einem Zitat, einer Anekdote, einem aktuellen Ereignis oder einer provokanten Frage. Oder erzählen Sie eine kleine Begebenheit, die Sie persönlich im Zusammenhang mit der Erarbeitung Ihres Konzeptes erlebt haben: Wie haben Ihre Kollegen reagiert? Was hat der Chef gesagt? Was meinen die Kunden? Gibt es eine typische Reaktion, die immer wiederkehrt?

Es kann, ja sollte sich um ein überraschendes oder humorvolles Erlebnis mit einem Aha-Effekt oder einer Pointe handeln. Einzige Bedingung: Der Aufhänger muss thematisch mit Ihrem Konzept zu tun haben – am besten, Ihre weiteren Ausführungen lassen sich inhaltlich daran „aufhängen", daran „abrollen".

Achten Sie zu diesem Zweck einmal darauf, wie Journalisten ihre Berichte beginnen. Sie werden höchstwahrscheinlich keinen einzigen Bericht entdecken, der mit langweiligen politischen Entscheidungen und Beschlüssen anfängt. Stattdessen beginnt er damit, wie konkrete einzelne Menschen mit diesen Beschlüssen leben oder leben werden und was sie dabei empfinden. Erst nach dieser lebendigen, konkreten Darstellung leitet der Pressetext dann zum Allgemeinen über.

Darin liegt das Prinzip: Für ein abstraktes Thema – nüchternes Zahlenmaterial, langweilige Berichte, staubtrockene Statistiken, theoretische Erörterungen – wird mit einem konkreten Einzelfall – einem Beispiel, einem menschlichen Erlebnis – das Interesse geweckt. Denn Menschen interessieren sich in erster Linie für Menschen und erst in zweiter Linie für „ZDF" (Zahlen, Daten, Fakten).

Der Aufhänger ist nicht zwingend notwendig, aber wenn Sie hier zum Beispiel eine aufschlussreiche Story oder Anekdote verwenden, werden Sie feststellen, dass sich viele Leser besser an ihn als an viele Details Ihrer Erörterungen im Hauptteil erinnern werden.

Mit einem Aufhänger am Anfang wecken Sie das Interesse der Leser.

Der im Anschluss an die Einführung folgende **Hauptteil** dient der sachlichen Darstellung des Inhalts mit all seinen Hintergründen und Einzelheiten. Hier referieren Sie die von Ihnen zusammengetragenen Informationen mit Ihren wichtigen Aussagen und interpretieren sie Punkt für Punkt. Präsentieren Sie nicht nur fertige Ergebnisse, sondern legen Sie Ihren Gedankengang Schritt für Schritt offen. Zeigen Sie, wie Sie auf Ihre Ergebnisse und zu Ihren Thesen gekommen sind; die Pyramidenstruktur, von den unteren zu den oberen Kästen gelesen, kann dabei helfen, den Gedankengang nachzuvollziehen. Verwenden Sie dazu die von Ihnen erstellten Matrizes und auch andere Abbildungen. Diskutieren Sie Ihre Thesen, lösen Sie Widersprüche logisch auf und widerlegen Sie vorausschauend mögliche Gegenargumente, die Gegner Ihres Konzeptes ins Feld führen könnten.

Der Hauptteil ist der wichtigste Teil Ihres Konzeptes. Er sollte mehrere Gliederungspunkte umfassen, also in mehrere Unterkapitel mit deutlich gekennzeichneten Überschriften aufgeteilt werden. Nach einer bekannten Studie des Psychologen George Miller gilt hier „die magische Sieben" plus oder minus zwei. Das heißt, der Mensch ist nicht imstande, mehr als fünf bis neun Informationseinheiten gleichzeitig aufzunehmen. Dementsprechend sollte Ihr Hauptteil nicht mehr als fünf bis neun Gliederungspunkte umfassen, um Ihre Adressaten nicht zu verwirren oder zu überfordern.

Achten Sie einmal auf die Inhaltsverzeichnisse von Büchern. Sie werden feststellen, dass die meisten verständlich geschriebenen Sachbücher zwischen fünf und neun Kapiteln enthalten. Diese höchst übersichtliche Gliederungsstruktur lässt sich auch auf andere Texte wie Konzepte unterschiedlicher Länge übertragen.

Fassen Sie am Ende jedes einzelnen Kapitels jeweils die wesentlichen Aussagen kurz zusammen, bevor Sie zu einem neuen Thema übergehen.

Der **Schluss** rundet Ihr Konzept ab und sollte entweder eine wichtige Schlussfolgerung aus Ihrer Untersuchung sein oder eine Zusammenfassung (die aber sinnvollerweise nicht mit der eingangs gebrachten Quintessenz identisch ist), eine ausführliche und erneute Wiederholung Ihrer Thesen (ebenfalls nicht wörtlich identisch mit dem Anfang), einen Aktionsplan oder eine Aufforderung zum Handeln beinhalten.

Auch hier können Sie noch einmal einen starken Eindruck beim Leser hinterlassen, indem Sie mit einer konkreten Begebenheit enden. Gibt es ein Zitat oder ein Erlebnis, das das Wesentliche Ihres Konzeptes anschaulich zusammenfasst? Oder hat die Geschichte, mit der Sie als Aufhänger Ihr Konzept begonnen haben, eine Fortsetzung oder ein „Happy End"?

Zu den **Anlagen** schließlich gehören, sofern vorhanden,

- ein Literatur- oder Quellenverzeichnis,
- ein Verzeichnis wichtiger Internetseiten und Links,
- umfangreiches statistisches Material, das im Text nur stören würde und ohnehin meist nur überflogen wird,
- ein Glossar wichtiger Fachbegriffe oder Abkürzungen und/oder
- ein Stichwort- oder Personenverzeichnis, das insbesondere für Texte ab hundert Seiten Länge zum Wiederauffinden von Informationen nützlich ist.

Fußnoten und Anmerkungsapparate sollten Sie nach Möglichkeit vermeiden; sie machen einerseits einen hochwissenschaftlichen Eindruck und sind andererseits lästig beim Lesen, weil sie häufiges Blättern verursachen.

KOMPAKT

Ein Kardinalfehler vieler Konzepte liegt darin, wesentliche Aussagen so zu „verstecken", dass sie irgendwo im langen Text völlig untergehen oder erst ganz am Schluss genannt werden. Dies führt bei der heutigen Zeitknappheit dazu, dass viele Konzepte gar nicht mehr zur Kenntnis genommen oder bearbeitet werden, sondern einfach unerledigt oder halb gelesen liegen bleiben. Denn häufig reicht die Zeit nicht aus, alles zu lesen, um die wesentlichen Informationen herauszufiltern!

Die Erstellung einer Gliederung dient dazu, die wichtigen Aussagen überdeutlich hervorzuheben und das ganze Konzept auf den Leser, seinen Kenntnisstand und seine begrenzte Arbeits- sowie Zeitkapazität zuzuschneiden. Außerdem erleichtert sie die nachfolgende Arbeit des Schreibens.

Das Inhaltsverzeichnis festlegen

Die einleitenden Punkte 1 bis 4 im Inhaltsverzeichnis (Titel und Untertitel, Inhaltsverzeichnis, These(n) und Quintessenz) sind in ihrer Abfolge bereits festgelegt; für sie müssen Sie lediglich noch zugkräftige Überschriften finden. Jetzt geht es besonders darum, die Punkte 5 bis 7 (Einführung, Hauptteil und Schluss) sinnvoll zu gliedern und Unterüberschriften zu finden.

Es ist wichtig, den Inhalt gerade dieser Kernelemente des Konzeptes klar und sauber zu gliedern, und zwar bevor Sie mit dem Schreiben anfangen. Wenn Sie versuchen, Zeit zu sparen, indem Sie auf ein Inhaltsverzeichnis verzichten und sich beim Ausformulieren auf Ihre spontanen Eingebungen verlassen, dann buttern Sie die gesparte Zeit nachher erfahrungsgemäß doppelt und dreifach durch mehrfaches Neuformulieren und Neugliedern wieder herein.

Mit einem vorab erstellten Inhaltsverzeichnis sparen Sie Zeit beim Schreiben. `TIPP`

Machen Sie sich Gedanken, wie sich der Inhalt Ihres Konzeptes für Ihre Leser am sinnvollsten erschließt: Welche Fakten oder Informationen sind Ihren Lesern schon bekannt, welche noch nicht? Worauf können Sie aufbauen, was können Sie voraussetzen? Was müssen Sie zuvor, zum Beispiel in der Einführung, erläutern, um dann nachfolgend argumentativ darauf aufbauen zu können?

Grundsätzlich gibt es sechs verschiedene Möglichkeiten, ein Inhaltsverzeichnis aufzubauen, zwischen denen Sie auswählen können:

- chronologisch: nach der zeitlichen Abfolge von Fakten oder Ereignissen
- hierarchisch: was ist am wichtigsten, was weniger wichtig?
- deduktiv: Behauptung, Beweis, Schlussfolgerung
- strukturell: nach Arten, zum Beispiel 1. München, 2. Hamburg, 3. Berlin
- argumentativ: Pro und Kontra
- didaktisch: Schritt für Schritt nach dem Verständnis des Lesers, der als Laie langsam an das Thema herangeführt werden muss.

Bei der Gliederung des Inhalts sollten Sie vor allem darauf achten, Überschneidungen und Wiederholungen zu vermeiden. Kapitel 2 sollte nicht etwas voraussetzen, das in Kapitel 5 erst erklärt wird. Ist dies nicht ganz unumgänglich, so kann ein Glossar am Ende des Konzeptes Abhilfe schaffen, indem es die wichtigsten Fachbegriffe und Sachverhalte erklärt.

Für jedes Kapitel sollten Sie eine Überschrift finden und die Anzahl der Unterkapitel festlegen. Generell sollte die Überschriftenhierarchie nicht mehr als drei Grade umfassen (1., 1.1, 1.1.1), um den Leser nicht zu verwirren. Bei mehr als drei Graden hat jeder Leser Probleme, die logischen Zusammenhänge noch klar voneinander zu differenzieren.

Insgesamt sollte das Inhaltsverzeichnis einen ausgewogenen Eindruck machen. Wenn zum Beispiel ein Kapitel keine Unterkapitel, das nächste dafür zwanzig und das übernächste sieben Unterkapitel hat, sieht das nicht ausgewogen aus. Die Länge der jeweiligen Unterkapitel hängt von der Länge des Gesamtkonzeptes ab. Umfasst es mehr als hundert Seiten, so wird sicher jedes Unterkapitel mehrere Seiten umfassen; bei einem kurzen Konzept kann jedes einzelne Unterkapitel gegebenenfalls nur einen einzigen Textabschnitt umfassen.

Unausgewogen wirkt es auch, wenn die Einführung bereits zwanzig Seiten hat, der Hauptteil aber nur zwei Seiten mehr. In der Ausgewogenheit liegt eine gewisse Ästhetik und Übersichtlichkeit, die jeden Leser für sich einnimmt.

Das Inhaltsverzeichnis spielt bei der Entscheidung des Empfängers, ob er das Konzept lesen will, eine strategisch wichtige Rolle. Denn nach Titel und These(n) ist es in der Regel das erste, was er wahrnimmt. Daher sollte es auch ansprechend gestaltet sein. Alles, was bereits im Inhaltsverzeichnis stören könnte, Anlass zu Fragen gibt oder ungereimt erscheint – unverständliche Fachbegriffe oder widersprüchliche Thesen beispielsweise – kann dazu führen, dass Ihr Konzept nicht oder nicht gründlich gelesen wird. Das Inhaltsverzeichnis ist das „Skelett", dem Sie anschließend durch Ihre Ausformulierungen die „Organe und Muskeln" hinzufügen. Die klare Gliederung bringt Ihnen Vorteile: Sie können an beliebiger Stelle zu schreiben beginnen und müssen nicht mit der Einführung anfangen; ohnehin ist es einfacher, sowohl die Einführung als auch die Quintessenz erst am Schluss auszuformulieren, wenn Sie bereits alles Übrige schriftlich festgehalten und daher einen Überblick über das Ganze haben.

Halten Sie sich nicht zu sklavisch an Ihr Inhaltsverzeichnis. Es ist fast immer so, dass sich der Stoff beim Schreiben unter der Hand ein wenig verändert und das Einfügen oder Umstellen von Kapitelelementen nötig ist.

Wenn Sie Ihr Inhaltsverzeichnis erstellt haben, sollten Sie alle Unterlagen, die Sie für das Ausformulieren benötigen, aus Ihrem Informationssystem herausziehen und separat abheften, und zwar in der Reihenfolge des Inhalts-verzeichnisses und der einzelnen Kapitel. Sie müssen also Ihr bisheriges Informationssystem noch einmal – zum letzten Mal – umorganisieren. Auf diese Weise ersparen Sie sich längere Suchaktionen, die Ihren Schreibfluss unterbre-chen, und vergessen auch keine wichtigen Fakten.

Erstellen Sie nicht nur für Ihr gesamtes Konzept eine Mindmap, eine Concept-map, ein Vistem-Visual oder eine Pyramide, sondern auch gesondert für jedes einzelne Kapitel, bevor Sie jeweils zu schreiben beginnen.

Schreibblockaden überwinden und loslegen

Nun könnten Sie eigentlich mit dem Ausformulieren beginnen – wenn da nicht diese seltsame Lähmung im Kopf und in den Fingern wäre, die einen immer wieder zögern lässt anzufangen ... Falls Sie auch zu den Menschen gehören, denen das Schreiben wenig oder gar keinen Spaß macht und die deshalb dazu neigen, es vor sich herzuschieben, können Ihnen die folgenden Methoden helfen.

Zur Überwindung von Schreibblockaden empfiehlt sich das **Freewri-ting:** Schreiben Sie zehn Minuten lang zu einem beliebigen Thema Ihrer Wahl, und zwar so schnell Sie können. Wählen Sie bewusst ein The-ma, das nichts mit Ihrem Konzept zu tun hat. Kümmern Sie sich beim Schreiben nicht um Wortwahl, Rechtschreibung, Grammatik oder Stil. Es spielt keine Rolle, ob Sie ganze Sätze oder nur Satzfragmente nie-derschreiben. Lesen und korrigieren Sie nichts an Ihrem Text, während

Sie schreiben. Wenn Ihnen zwischendurch nichts einfällt, schreiben Sie einfach: „Mir fällt nichts ein nichts ein, mir fällt nichts ein" – bis Ihnen eine neue Idee kommt. Zwingen Sie sich, ohne Pause weiterzuschreiben. Das Hauptziel beim Freewriting ist nicht der Text selbst, sondern die Textproduktion zum Fließen zu bringen. Wenn Sie sich „warm gelaufen" haben, können Sie zu Ihrem Konzept übergehen und Ihren Text ausformulieren.

Durch Freewriting können Sie Schreibblockaden überwinden und den Schreibfluss in Gang bringen.

Eine andere Methode, mit der Sie den Schreibfluss in Gang bringen können, ist das von Gabriele Rico entwickelte **Clustering**. Ein Cluster sieht auf den ersten Blick einer Mindmap ähnlich, wurde allerdings speziell zur Entwicklung der sprachlichen Kreativität entwickelt.

Unter Clustering versteht man das „Knüpfen von Ideennetzen", das hilft, ein rein logisches, auf Ordnung bedachtes begriffliches Denken zu umgehen und mit Bildern, Gefühlen und im Gedächtnis gespeicherten Erlebnissen in Kontakt zu kommen. Durch die Anwendung des Clusterings ist es möglich, sich lebendig und bildhaft auszudrücken.

„Cluster" ist die Bezeichnung für die nichtlinearen Verknüpfungen um ein Sturmzentrum von Bedeutungen, das als „Kern" bezeichnet wird. Das Cluster entfaltet sich um einen Mittelpunkt herum wie Wellenringe, wenn man einen Stein ins Wasser wirft.

Clustering hilft Ihnen beim Sammeln von Einfällen.

Wenn Sie zum Beispiel noch nicht wissen, wie Sie ein Kapitel oder Unterkapitel ausformulieren sollen, beginnen Sie mit einem zentralen Begriff als Kern, den Sie auf eine leere Seite schreiben und mit einem Kreis umgeben. Dann lassen Sie sich treiben und schreiben spontan und schnell alle Ihre Einfälle zu diesem Begriff auf, und zwar in Form einzelner Wörter, die Sie jeweils umkreisen. Vom Mittelpunkt aus fließen nun Ihre Assoziationen in alle Richtungen und bilden dabei Äste, indem Sie jedes neue Wort oder jede neue Wendung durch einen Strich oder Pfeil mit dem vorigen Kreis verbinden.

Fällt Ihren vorübergehend nichts ein, so kritzeln Sie ein wenig herum oder ziehen die schon vorhandenen Kreise dicker. Der entspannte Zustand ruft eine Welle von Assoziationen hervor. An irgendeinem Punkt wird Ihnen schließlich schlagartig klar, wie Sie Ihr Kapitel oder Unterkapitel am besten „angehen". Hören Sie dann sofort mit dem Clustering auf, und fangen Sie an, Ihren Text zu schreiben. Auch diese Methode arbeitet stark mit dem Unbewussten.

Für das nächste Mal
Gut vorbereitet ist schon halb geschrieben. Je gründlicher Sie Ihr Konzept vor dem Ausformulieren inhaltlich planen, desto müheloser geht nachher der Schreibprozess vonstatten. Selbst wenn Sie unter großem Zeitdruck stehen, sollten Sie es daher nicht versäumen, eine Gliederung und ein Inhaltsverzeichnis mit allen notwendigen Punkten und Unterpunkten zu erstellen.

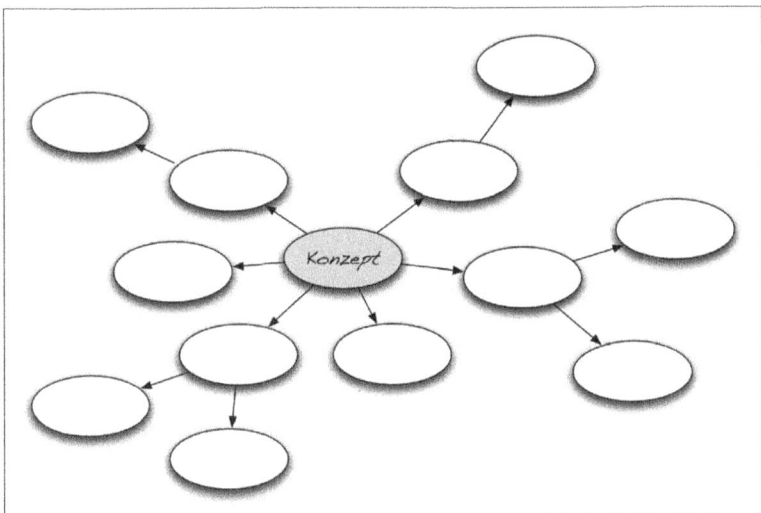

Ein Beispiel-Cluster: In die Mitte schreiben Sie Ihren zentralen Begriff oder Ihr Thema, in die übrigen Kästen Ihre Assoziationen dazu. Fügen Sie nach Belieben weitere Kästen hinzu.

Wenn Sie an Ihrer Schreibfähigkeit zweifeln und innerlich mit einer Blockade in Form von Aufschieberei, Schreibunlust oder mangelnder Produktivität reagieren, dann wenden Sie zu Beginn spezielle Kreativitätsmethoden wie Freewriting oder Clustering an. Auch einen ins Stocken geratenen Schreibfluss können Sie mit diesen Methoden wieder aktivieren.

Das Konzept ausformulieren

Die Informationen sind gegliedert, das Inhaltsverzeichnis erstellt und die Schreibblockaden aufgelöst. Damit haben Sie schon die wichtigsten Hürden auf dem Weg zu Ihrem Konzept genommen!

Die Sprache – Stil, Wortwahl und Syntax – ist ein Mittel, um die Reaktion Ihrer Leser auf Ihr Konzept zu steuern und in gewünschter Weise zu beeinflussen. Ideal ist es, wenn es Ihnen gelingt, verständlich und klar zu formulieren, also aus der Sicht Ihrer Zielgruppe zu schreiben. Machen Sie sich daher noch einmal klar: Was erwartet Ihre Zielgruppe stillschweigend von Ihnen? Worauf müssen Sie dementsprechend beim Ausformulieren achten?

Auch wenn Ihre Zielgruppe wissenschaftliche Ansprüche an Ihr Konzept erheben sollte – was sicher eher die Ausnahme als die Regel ist –, muss Ihr Konzept auf jeden Fall verständlich sein. Schwieriges Fachchinesisch und komplizierte Satzstrukturen mögen zwar den Anschein von Wissenschaftlichkeit erwecken, machen einen Text jedoch schwer verständlich, weil sie ein hohes Maß an Lesekonzentration erfordern. In der Regel sollte Ihr Konzept in *gepflegter Umgangssprache* formuliert sein, die Ihre Leser auch nach einem langen anstrengenden Arbeitstag noch mühelos verstehen können.

Die Wissenschaftlichkeit Ihrer Arbeit bemisst sich eher daran, wie sorgfältig Sie recherchiert und nachgedacht haben und wie gut begründet die von Ihnen aufgestellten Thesen sind, als daran, wie „verklausuliert" Sie sich ausdrücken. Der sprachliche Stil sollte so natürlich sein, wie Sie auch im Alltag sprechen oder vortragen.

Treffende Wörter, klare Sätze, schlüssige Absätze, lebendige Bilder und gekonnte Visualisierungen machen einen guten Stil aus. Wenn es Ihnen schwer fällt, die nachfolgenden Hinweise bereits während des Ausformulierens zu beachten, sollten Sie Ihren Text nach Fertigstellung im Hinblick auf die genannten Kriterien gründlich überarbeiten.

Treffende Wörter

Vermeiden Sie Bürokratendeutsch. Bei Wörtern wie „Bezug nehmend auf", „betreffend" und „diesbezüglich" wiehert der Amtsschimmel.

Umgehen oder ersetzen Sie Anglizismen. „Beim *Downloaden* der *Infoline* von der *Homepage* wird klar, dass wir einen *All-in-one-Service* mit *Human Touch* für *User* bieten sollten." Nicht zuletzt aufgrund des Internets feiern aus dem Englischen stammende Wörter im Deutschen fröhliche Urständ. Viele Begriffe lassen sich nicht ins Deutsche übersetzen, doch wo immer möglich sollten Sie deutsche Wörter verwenden – nicht zuletzt deshalb, weil die Anglizismen meist nur Nomen, aber keine Verben bilden und daher einen hölzernen Stil bewirken. Wurde die Infoline „downgeloadet" oder „downgeloaded", „gedownloaded" oder eher „gedownloadet"? Ganz einfach: sie wurde *heruntergeladen*!

Ersetzen Sie abstrakte durch konkrete Beschreibungen. Wenn Sie zum Beispiel von „Synergieeffekten bei Kosteneinsparungen" schreiben, so kann sich niemand etwas Konkretes darunter vorstellen. Schreiben Sie aber, dass „30 Prozent der Kosten eingespart werden könnten, sofern man die Innen- und die Außendienstschulung zusammenlegt", so ist dies konkret und verständlich.

Ersetzen Sie passive Satzkonstruktionen durch aktive. Schreiben Sie nicht: „Es findet Anwendung", sondern „Wir wenden im Bereich AB ... an".

Vermeiden Sie unlebendige Verben wie „durchführen", „sich befinden", „sein", „erfolgen".

„Man gebrauche gewöhnliche Worte und sage ungewöhnliche Dinge."

Arthur Schopenhauer

Klare Sätze

Ausgesprochenes Schriftdeutsch zeichnet sich durch komplizierte undurchsichtige Satzkonstruktionen aus, die meist so formuliert sind, dass man am Ende des Satzes dessen Anfang schon wieder vergessen hat. Vermeiden Sie solche Bandwurmsätze mit verschachtelten Elementen.

Das entgegengesetzte Extrem ist der Telegramm- oder Asthmastil, der sich vor allem durch die Werbung im Deutschen eingeschlichen hat. Dabei werden kurze, teilweise unvollständige Sätze hintereinandergereiht: „Wir helfen Ihnen weiter. Ob Immobilien oder Kapitalanlage. Auf uns können Sie bauen. Immer." Die Überstrapazierung des Punktes als Satzzeichen in der Werbung beruht einerseits auf gezielter Effekthascherei, andererseits auf einem Mangel an Platz. Wenn Ihr Konzept nicht gerade aus einem Werbetext besteht, sollten Sie den Punkt als Satzzeichen nur in Ausnahmefällen als Stilmittel verwenden, denn Leser von Konzepten erwarten in der Regel längere Gedanken- und Argumentationsgänge.

Monoton wird es, wenn Sie mehrere Hauptsätze unverbunden aneinanderreihen: „Marken werden immer wichtiger. Der Wettbewerb wird härter. Unser Unternehmen bemüht sich um Markenprodukte." Diese Sätze lassen sich logisch und syntaktisch elegant miteinander verbinden: „Da der Wettbewerb immer härter wird, gewinnen Marken an Bedeutung. Deshalb bemüht sich auch unser Unternehmen in wachsendem Maße um Markenprodukte."

Optimal ist es, wenn Sie jeden Hauptsatz mit ein bis zwei Nebensätzen verknüpfen. So bleiben Ihre Sätze übersichtlich und klar, ohne monoton zu werden.

Verknüpfen Sie jeden Hauptsatz mit ein bis zwei Nebensätzen.　　　　TIPP

Sinnvolle Absätze

Ein Text ohne Absätze funktioniert genauso schlecht wie eine Autobahn ohne Abfahrten, Raststätten und Hinweisschilder. Bilden Sie daher für jeden Gedanken einen eigenen Absatz. Dabei ist es wichtig, dass die Absätze überschaubar und nicht seitenlang sind. Mehrere Absätze pro Seite sind üblich.

Wichtige Aussagen im Text können Sie hervorheben, indem Sie einzelne Absätze mit Marginalien versehen. Sie stehen auf dem Seitenrand des Fließtextes und geben wesentliche Inhalte verkürzt wieder.

Für gleichartige Informationen bietet es sich an, Aufzählungen oder Tabellen statt längerer Erläuterungen in Textform zu wählen.

Lebendige Bilder

Eine Kunst ist es, anschauliche Beispiele und einprägsame Vergleiche zu finden, die dem Leser im Gedächtnis haften bleiben. Gerade sie sind es, die einen Text lebendig machen. Insbesondere ein trockener oder abstrakter Stoff und unanschauliches Zahlenmaterial werden durch Bilder anschaulich und verständlich.

- *„Wie Dominosteine* kippten die Währungen in den Ländern der Dritten Welt um.“
- „Aus 200 Metern Höhe nahmen die Autos die Größe von *Stecknadelköpfen* an.“
- „8.000 Kilometer, das ist etwa so weit wie *von Bonn nach Moskau*.“

Viele Metaphern gehören mittlerweile schon zum Alltagssprachgebrauch und werden damit nicht mehr als lebendig empfunden. Der Computervirus, das globale Dorf, die Geldwäsche und die Servicewüste sind uns gewissermaßen so in Fleisch und Blut übergegangen, dass sie kaum noch Interesse oder Spannung erwecken. Daher gilt es vor allem, originelle, neue Bilder zu finden, die ungewohnte Assoziationen wecken, zum Beispiel:

- „Mit der A-Klasse hat der Autohersteller ein *krankes Kind* geboren.“
- „Unser neuer Blackberry ist so groß wie ein *10-Euro-Schein* und so leicht wie ein *Schwamm*.“

Der im letzten Kapitel empfohlene Aufhänger, mit dem Sie Ihre Einführung beginnen sollten, hat bildhaften, anschaulichen Charakter.

Gekonnt visualisieren

Von rein sprachlichen Bildern zu „echten" Bildern ist es nur ein kleiner Schritt. Abbildungen lockern nicht nur den Text auf, sondern sprechen auch die rechte Großhirnhemisphäre an und tragen somit dazu bei, dass Informationen ganzheitlich und schnell aufgenommen werden. Zudem können sie Stimmungen und Gefühle beim Leser wecken.

Daher sollten Sie, wo immer möglich, Balken- und Tortendiagramme, Cliparts, Fotos und anderes Bildmaterial in Ihrem Konzept verwenden und an der jeweiligen Stelle im Text – nicht im Anhang – platzieren.

Achten Sie darauf, dass Ihre Bilder nicht nur dekorativ, sondern auch aussagekräftig sind. Viele Leute haben heute die Neigung, selbstverständliche Begriffe und Situationen in ihren Texten und PowerPoint-Vorträgen permanent durch Bilder zu „veranschaulichen". Wenn zum Beispiel in Ihrem Konzept von einem Meeting die Rede ist, benötigen Sie kein Bild, auf dem fünf Menschen an einem Tisch sitzen und auf ein Flipchart schauen. Jeder weiß, was ein Meeting ist – ein solche Abbildung ist lediglich dekorativ, aber nicht informativ und daher überflüssig.

Aussagekräftige Abbildungen bringen dem Leser neue Informationen, dekorative Abbildungen hingegen nicht. `TIPP`

Wenn Ihr Konzept hingegen die Vor- und Nachteile möglicher neuer Firmenstandorte erörtert, so sind Fotos der verschiedenen Standorte keineswegs nur dekorativ, sondern auch aussagekräftig. Sie zeigen auf einen Blick das gesamte Umfeld und machen gewisse Vorzüge und Nachteile des jeweiligen Standortes sichtbar. Das ist für alle Leser informativ – insbesondere natürlich für solche, die die Standorte nicht selbst in Augenschein nehmen können.

Wenn es Ihnen an Bildmaterial fehlt, so können Sie leicht und mühelos Fotos und andere Abbildungen im Internet durch Eingabe geeigneter Suchbegriffe finden.

Innerhalb der Grenzen des Urheberrechts – das heißt, sofern Sie Ihr Konzept nicht vervielfältigen und kommerziell verkaufen – dürfen Sie solche Bilder verwenden. Im Falle einer kommerziellen Verwertung des Konzeptes müssen Sie zuerst beim jeweiligen Urheber die manchmal kostenpflichtigen Abdruckrechte einholen.

TIPP *Eine Alternative zu teuren Abdruckrechten sind preiswerte Bildagenturen (zum Beispiel www.photocase.de, www.istockphotos.com, www.fotolia.de) oder solche, die Bilder kostenlos zum Herunterladen zur Verfügung stellen (zum Beispiel www.pixelio.de, www.flickr.com).*

Das Konzept überarbeiten und Feedback einholen

Wenn Sie Ihr Konzept fertig ausformuliert haben, sollten Sie es noch einmal gründlich durchlesen und überarbeiten. Enthält es wirklich alle wichtigen Hypothesen, Informationen, Statistiken und Grafiken oder haben Sie etwas vergessen? Überprüfen Sie dies anhand Ihrer Gliederung, Ihrer Unterlagen, Ihrer Mindmaps, Ihrer Pyramide und so weiter Überprüfen Sie, ob alle Seiten vollständig vorliegen. Ist das Konzept für jeden Leser inhaltlich nachvollziehbar und verständlich?

Bevor Sie Ihr Konzept einem größeren Publikum präsentieren oder den jeweiligen Adressaten übergeben, sollten Sie sich ein qualifiziertes Feedback dazu einholen. Bitten Sie eine oder mehrere Personen, die vom Thema Ihres Konzepts etwas verstehen, zum Beispiel Kollegen, es zu lesen und Ihnen eine konstruktive Rückmeldung zu geben. Konstruktiv bedeutet: Es werden sowohl positive wie auch negative Dinge angemerkt und immer auch Verbesserungsvorschläge gemacht. Feedbacks von Probelesern sind für die Qualität Ihres Konzepts unerlässlich, denn sie bergen die Chance zur rechtzeitigen Verbesserung – obwohl (oder vielleicht gerade weil) sie nicht immer angenehme Botschaften transportieren. Seien Sie also offen für Kritik.

Übrigens können auch ganz unbedarfte Leser, die keine Ahnung von Ihrem Thema haben, wertvolle Feedback-Lieferanten sein; man nennt dies bekanntlich scherzhaft den „Putzfrauentest". Haben nämlich Leser ohne jegliche Vorkenntnisse den Kern Ihres Konzepts erfasst, dann ist es wirklich klar geschrieben.

Wenn Sie sichergehen wollen, dass Ihr Konzept verständlich und nachvollziehbar formuliert ist, dann sollten Sie sich vor Abgabe oder Präsentation von
Testlesern ein Feedback geben lassen und eventuell notwendige Korrekturen
durchführen. Für ein Feedback eignen sich sowohl fachlich kompetente als
auch thematisch völlig unbedarfte Leser ohne Vorkenntnisse.

Das Konzept schriftlich präsentieren

Bereiten Sie als nächstes die Präsentation vor. Die Art und Weise der Präsentation ist für den Erfolg Ihres Konzeptes mitentscheidend. Zwar muss
es prinzipiell nicht immer die sprichwörtliche Hochglanzbroschüre sein,
aber die Art der Präsentation sollte dem jeweiligen Zweck angemessen
sein. Generell gilt:

Je größer die Bedeutung, je höher der Stellenwert Ihres Konzeptes, desto auf-
wendiger die Präsentationsform.

Handelt es sich um einen simplen kurzen Routinebericht, der nach der
Lektüre nur abgeheftet wird, so genügt ein einfacher zusammengehef-
teter Ausdruck oder der Versand einer Textdatei. Ist Ihr Konzept jedoch
die Entscheidungsvorlage für ein Vier-Millionen-Euro-Projekt des Vor-
standes, so sollten Sie sich schon mehr einfallen lassen: Verwenden Sie
ein ansprechend gestaltetes Deckblatt mit Titel und Untertitel sowie
mehrfarbige Abbildungen im Text. Binden Sie das Ganze mit Spiralhefter
oder Thermobinder oder versenden Sie es als PDF-Dokument, das Ihr
Layout originalgetreu wiedergibt und beim Ausdruck behält.

Für kurze Texte von wenigen Seiten erhalten Sie ansprechende Präsentationsmappen im Fachhandel; in Form einer Datei eignen sich zum Beispiel PowerPoint-, Word- oder auch Excel-Dateien.

Hinweise zur mündlichen Präsentation von Konzepten finden Sie in Kapitel 9 ab Seite 155.

TIPP

Ein Wort zur Typografie: Bei der Arbeit mit dem Computer ist es heute eine große Versuchung, eine Vielzahl unterschiedlicher Schriften in einem einzigen Text einzusetzen, weil man dieses und jenes hervorheben möchte. Das sieht jedoch vom Layout her nicht nur unprofessionell aus, sondern verursacht auch ein unruhiges Schriftbild, das dem Leser bei längerer Lektüre in den Augen schmerzt und eher verwirrend als klärend wirkt. Beschränken Sie sich daher auf *maximal zwei unterschiedliche Schriften* und verwenden Sie zur inhaltlichen Hervorhebung von Aussagen lediglich **Fettdruck** oder *Kursivsetzungen*, aber keine Unterstreichungen oder zusätzlichen Schriften. Als Alternative für weitere Hervorhebungen sind Zwischenüberschriften und Marginalien (Randüberschriften) geeignet.

Haben Sie Ihr Konzept fertig ausformuliert und überprüft, sämtliche inhaltlichen und formalen Kriterien berücksichtigt und das Ganze in eine ansprechende Präsentationsform gebracht? Wenn ja, herzlichen Glückwunsch! Ihr Konzept ist fertig, und Sie können es nun an Ihre Leser verteilen.

- Formulieren Sie Ihr Konzept leicht verständlich, indem Sie prägnante Wörter verwenden und auf unverständliches Fachchinesisch weitestmöglich verzichten.
- Konstruieren Sie überschaubare Sätze, indem Sie jeweils einen Hauptsatz mit ein bis zwei Nebensätzen kombinieren.
- Bilden Sie für jeden Gedanken einen eigenen Absatz.
- Vergleiche und sprachliche Bilder (Metaphern) machen einen Text ebenso anschaulich wie die gekonnte Wahl informativer, nicht nur dekorativer Abbildungen.
- Überarbeiten Sie Ihr Konzept gründlich und lassen Sie es auch von unbeteiligten Dritten zur Korrektur gegenlesen.
- Wählen Sie eine Präsentationsform, die der Bedeutung Ihres Konzeptes angemessen ist.

Wenn Sie nur einen Tag Zeit haben – Konzepterarbeitung unter Zeitdruck

Ein Tag Zeit für die Ausarbeitung eines Konzeptes kann lang oder kurz sein. Wenn Sie ein zweihundertseitiges Konzept ausformulieren müssen, so ist er in der Tat zu kurz, denn Sie haben definitiv zu spät mit der Ausarbeitung begonnen, um innerhalb von vier bis fünf Stunden einen so langen Text zu konzipieren und zu schreiben! Allein einen so umfangreichen Text auszuformulieren, dauert mehrere Wochen oder Monate; ganz zu schweigen von den umfangreichen Recherchen, die dem vorausgehen müssen. Umfasst Ihr Konzept jedoch nur fünf bis fünfzig Seiten, so können Sie es schaffen, auch wenn es zeitlich recht knapp ist.

- *Erste Voraussetzung:* Sie geraten jetzt nicht in operative Hektik, sondern bleiben ruhig und besonnen. Setzen Sie sich für jeden der Arbeitsschritte ein striktes Zeitlimit.
- *Zweite Voraussetzung:* Sie delegieren so viel Arbeit wie möglich an Kollegen, Praktikanten, Sekretärin und andere verfügbare interne und externe Mitarbeiter, um selbst mehr Zeit zu gewinnen, besonders für die Interpretation der Informationen und den kreativen Part der Ideenfindung.

TIPP *Delegieren Sie so viele Arbeitsschritte wie möglich. Konzentrieren Sie Ihre eigene Arbeit am Konzept auf das Wesentliche, das nur Sie leisten können.*

Verfallen Sie nicht in den Fehler, aufgrund von Zeitdruck oberflächlich zu arbeiten, indem Sie beliebige Informationen zusammentragen, diese willkürlich oder eingleisig interpretieren und dann schlecht und recht einen Text zusammenschustern. Gerade unter Zeitdruck ist es wichtig, methodisch zu verfahren, um einen hohen Qualitätsstandard aufrecht zu erhalten, anstatt „Kuddelmuddel" zu produzieren!

Gehen Sie folgendermaßen vor:

1. Suchen Sie innerhalb der ersten zwei Stunden alle Informationen zusammen, die Sie für Ihr Konzept brauchen. Konzentrieren Sie sich auf die wirklich wichtigen Informationen und leicht zugängliche firmeninterne wie auch -externe Quellen. Delegation ist besonders für diesen Arbeitsschritt höchst empfehlenswert und effizient!

2. Sortieren Sie innerhalb einer weiteren Stunde die Unterlagen, ohne sie zu lesen, indem Sie sie in ein einheitliches Ordnungssystem bringen, komplett ausdrucken und an einem Ort in Ihrem Arbeitszimmer sammeln. Auch diese Arbeit kann sehr gut delegiert werden!

3. Durch rationelles zügiges Lesen verschaffen Sie sich innerhalb der nächsten ein bis zwei Stunden einen Überblick. Bereits während des Lesens legen Sie eine Mindmap oder eine Conceptmap an, um alle Informationen in eine übersichtliche Struktur zu bringen.

4. Nun kommt das Zeitaufwendigste: die kreative Ideenfindung sowie die schlüssige Interpretation der Informationen, die Sie *nicht* delegieren können! Denn es ist ja Ihre Hauptaufgabe, durch Ausarbeitung Ihres Konzeptes zu neuen Ergebnissen zu gelangen. Diese zu finden, kann Ihnen niemand abnehmen, denn Sie sind der Experte auf dem betreffenden Gebiet. Nehmen Sie sich eine Stunde Zeit, in der Sie sich von allen Störungen konsequent abschirmen, und wählen Sie eine geeignete oder mehrere geeignete Methoden von denen, die in den Kapiteln 4 und 5 vorgestellt wurden.

5. Falls Sie mit der Interpretation und der kreativen Ideenfindung Schwierigkeiten haben, empfehle ich Folgendes: Sobald Sie nicht mehr weiterkommen, legen Sie eine Pause ein. Schließen Sie

die Augen und entspannen Sie sich 5 bis 10 Minuten. Denken Sie an etwas anderes als an Ihr Konzept. Oder gehen Sie in die Mittagspause. Erteilen Sie Ihrem Unterbewusstsein vorher die Aufgabe, die richtige Lösung für Sie zu finden. Nehmen Sie nach der Entspannungspause Ihre Unterlagen wieder zur Hand und schauen sich alles noch einmal an. Oft fällt einem dann spontan die Lösung ein – die Fakten springen sozusagen von allein in die richtige Ordnung, die Sie nun kurz in Stichworten oder als Mindmap schriftlich fixieren sollten. Statt allein zu arbeiten, können Sie bei der kreativen Ideenfindung auch zusammen mit Kollegen eine Lösung suchen.

6. Das Schwierigste haben Sie jetzt bereits geschafft, nun können Sie wiederum vieles delegieren. Erstellen Sie die Gliederung für Ihr Konzept und bringen Sie die zum Ausformulieren notwendigen Unterlagen in die richtige Reihenfolge. Wenn Sie noch genügend Zeit haben, dann formulieren Sie jetzt Ihren Text aus.

7. Sind Sie darin jedoch nicht schnell genug, dann gibt es bessere Lösungen: Diktieren Sie den Text auf Band, und lassen Sie ihn von jemand anderem schreiben. Oder lassen Sie verschiedene Kapitel Ihre Konzeptes von verschiedenen Personen jeweils komplett ausformulieren. Sofern Sie ihnen jeweils das Inhaltsverzeichnis und vollständige Unterlagen inklusive Ihrer Interpretation übergeben, funktioniert dies.

8. Falls eine komplette Ausformulierung nicht notwendig ist, empfehle ich die Anfertigung einer Conceptmap oder eines Vistem-Visuals (nicht jedoch einer Mindmap, weil diese zu individuell und nicht genügend auf Rezipienten zuschneidbar ist!). Richtig erstellt, sind Conceptmap und Vistem-Visual auch für Außenstehende übersichtlich und leicht nachvollziehbar, zudem recht

schnell anzufertigen. Für beide genügen Schlüsselwörter, die Sie lediglich in einer sinnvollen und nachvollziehbaren Ordnung schriftlich fixieren müssen, sowie Verbindungen zwischen ihnen. Wählen Sie die Begriffe so, dass sie von der Zielgruppe mühelos verstanden werden und die Kernaussagen Ihres Konzeptes klar daraus hervorgehen. Verwenden Sie gegebenenfalls ergänzend Abbildungen, denn die Visualisierung unterstützt das Verständnis Ihres Konzeptes auch ohne Worte. Achten Sie darauf, dass Ihre Abbildungen inhaltlich aussagekräftig und nicht nur dekorativ sind.

9. Zum Schluss überarbeiten Sie alles noch einmal oder führen die von unterschiedlichen Leuten verfassten Textelemente zu einem homogenen Ganzen zusammen. Achten Sie auf eine geeignete und äußerlich ansprechende Präsentationsform.

Voilà – fertig ist Ihr Konzept!

Conceptmaps oder Vistem-Visuale, verbunden mit Abbildungen, ersparen Ihnen lange Texte.   **TIPP**

Für das nächste Mal

Vermeiden Sie es möglichst, Konzepte innerhalb so kurzer Zeit ausarbeiten zu müssen. Beginnen Sie entweder früher oder setzen Sie für die Übergabe des Konzeptes einen späteren Termin an.

Wissen Sie im Voraus, dass Sie nur einen Tag für die Erarbeitung Ihres Konzepts erübrigen können, sollten Sie rechtzeitig vorher – bereits mehrere Wochen oder Tage zuvor – alle notwendigen Teilarbeiten daran delegiert und dafür natürlich auch alle betreffenden Personen gebrieft haben. So können Sie sich an dem dafür vorgesehenen Tag ausschließlich auf Ihre Kerntätigkeit am Konzept und dessen Fertigstellung konzentrieren.

Falls Sie bestimmte Konzepte in regelmäßigen Abständen immer wieder erstellen müssen, so legen Sie sich ein festes Gliederungsraster an, in das Sie die neuen Informationen jeweils nur einpassen müssen. Sammeln Sie außerdem regelmäßig, zum Beispiel täglich oder wöchentlich, die benötigten Informationen, um bei der Recherche Zeit zu sparen und für die Schlüsselaufgaben Interpretation und kreative Ideenfindung mehr Zeit zu gewinnen.

Konzepte für die integrierte Kommunikation (Marketing und PR)

In diesem Teil lesen Sie, wie Sie Schritt für Schritt zwei ganz bestimmte Arten von Konzepten erstellen: Kommunikations- und Buchkonzepte. Außerdem berichtet der Konzeptioner Klaus Schmidbauer aus Berlin von seiner täglichen Arbeit; er entwickelt seit fast zwanzig Jahren Konzepte und kennt das Handwerk wie kein anderer.

Von der getrennten zur integrierten Kommunikation

Will ein Unternehmen mit der Öffentlichkeit oder seinen Kunden kommunizieren, hat es die Wahl zwischen PR einerseits und Marketing andererseits.

PR (Public Relations, im Deutschen meist „Presse- und Öffentlichkeitsarbeit" genannt) bezeichnet die Maßnahmen, die ein Unternehmen, eine Institution, eine Organisation oder auch eine einzelne Person ergreift, um mit der Öffentlichkeit zu kommunizieren und diese zu informieren.

PR kann deutlich von Werbung beziehungsweise Marketing abgegrenzt werden: PR hat das Ziel, ein bestimmtes Image eines Unternehmens in der öffentlichen Wahrnehmung zu erzeugen, während Werbung beziehungsweise Marketing immer ein bestimmtes Produkt oder eine Dienstleistung in den Fokus nimmt, also verkaufsfördernde Wirkung erzielen soll.

Ein Beispiel, um die oft noch übliche Trennung zwischen PR und Marketing deutlich zu machen: *Der Betreiber eines Seniorenpflegeheims positioniert sich als Experte für das Thema „Die alternde Gesellschaft", indem* er beispielsweise Artikel in Fachmagazinen veröffentlicht, ein Buch darüber schreibt oder sich in Diskussionsrunden in Funk und Fernsehen dazu äußert; dabei handelt es sich um PR. Er kommuniziert der Öffentlichkeit, dass er Know-how zu einem für die Gesellschaft wichtigen Thema hat und dass er andere von diesem Know-how profitieren lässt. Würde er hingegen die Öffentlichkeit darüber informieren, dass ein neues Seniorenheim eröffnet wird und welche Dienstleistungen und Angebote die zukünftigen Bewohner dort erwarten, dann wäre dies nicht PR, sondern Werbung. Ein Beispiel für ein typisches Medium der PR ist eine Pressemitteilung, während das entsprechende Pendant der Werbung beziehungsweise des Marketings eine Werbeanzeige ist.

In den letzten Jahren gibt es in der Kommunikationsbranche den Trend, zwischen den einzelnen Kommunikationsdisziplinen nicht mehr strikt zu trennen, sondern Marketing und PR (übrigens auch Sponsoring und anderes) unter einem Dach zu vereinen – und zwar unter dem Begriff „integrierte Kommunikation". Die PR wird damit zu einem Kommunikationsinstrument, das Teil des Marketingmix ist.

Damit die einzelnen PR- und Marketingaktionen zielgerichtet verlaufen, sinnvoll aufeinander abgestimmt und miteinander vernetzt werden können, benötigt die integrierte beziehungsweise ganzheitliche Kommunikation im Unternehmen Konzepte.

Das Kommunikationskonzept Schritt für Schritt entwickeln

Ein gutes und solides Kommunikationskonzept erstellen Sie am besten in folgenden Arbeitsschritten:

- Briefing
- Recherche
- Re-Briefing
- Analyse
- Festlegung der Ziele, Zielgruppen, Positionierung und Botschaften
- Festlegung der Strategie
- Festlegung der Maßnahmen mit Zeitplan, Kosten und Evaluierung
- Präsentation

1. Briefing

Die Basis eines jeden Kommunikationskonzepts ist das Briefing (von englisch „brief" für „kurz"). Ursprünglich stammt dieser Begriff aus der Militärsprache: Briefings sind Lagebesprechungen, bei denen die Tagesbefehle ausgegeben werden. Im Geschäftsalltag wird mit „Briefing" ganz allgemein die Weitergabe von notwendigen Informationen an Dritte bezeichnet. Das Briefing ist vor allem für diejenigen notwendig, die mit der Durchführung einer Aufgabe betraut werden, also zum Beispiel interne Mitarbeiter und Kollegen oder externe beauftragte Dienstleister wie Agenturen.

> **TIPP**
>
> *Ein Konzept kann nur so gut sein wie das seiner Erarbeitung vorangegangene Briefing. Oder andersherum formuliert: Ein schlechtes Briefing führt zu einem schlechten Konzept.*

Das bedeutet nicht, dass der Briefing-Nehmer die Verantwortung für die Qualität des Konzepts einfach an den Briefing-Geber delegieren kann. Es bedeutet vielmehr, dass der Briefing-Nehmer seine Aufmerksamkeit darauf richten sollte, genau die Informationen zu bekommen, die er für ein gutes Kommunikationskonzept auch braucht. Denn auf dem Briefing basiert die gesamte weitere Arbeit am Konzept.

Wenn Sie ein Kommunikationskonzept erstellen oder erstellen lassen, ist es   **KOMPAKT**
wichtig, dass Sie ein informatives, aussagekräftiges und vollständiges Briefing geben beziehungsweise sich geben lassen. Gehen Sie als Briefing-Geber nicht automatisch davon aus, dass das notwendige Basis- oder Hintergrundwissen bereits bekannt oder vorhanden ist, sondern stellen Sie sich auf die Perspektive des Briefing-Nehmers ein. Das Briefing dient immer auch der Klärung des Anliegens.

Im ersten Schritt geht es darum herauszufinden, was der Auftraggeber (zum Beispiel das Unternehmen) will.

- Was ist seine Intention?
- Um was geht es genau? Welches Problem muss gelöst werden?
- Welches Ziel soll mit der Umsetzung des Kommunikationskonzepts erreicht werden (Kommunikationsziel)? Was muss das Unternehmen „sagen", damit dieses Ziel erreicht werden kann? Was sind also die Kernaussagen?
- Wer soll mit den Kernaussagen erreicht werden? Wer ist die wichtigste Zielgruppe?
- Welche Fakten und Rahmenbedingungen müssen im Konzept berücksichtigt werden (Budget, zeitlicher Horizont, Entscheider)?

Im zweiten Schritt sollten Informationen allgemeinerer Natur festgehalten werden:

- Selbstbild und -verständnis des Unternehmens, Unternehmenskultur, -werte und -philosophie, Ziele und Strategien
- Markt- und Wettbewerbssituation (Kunden und Mitbewerber)
- Informationen über Produkte und Dienstleistungen
- Image des Unternehmens
- Welche Kommunikationskonzepte liegen schon vor?

Man kann Briefings mündlich oder schriftlich geben. Beide Formen haben ihre Vor- und Nachteile: Bei einem schriftlichen Briefing können Sie eher als bei einem mündlichen davon ausgehen, dass die Informationen durchdacht, strukturiert und vollständig sind. Nachfragen sind jedoch manchmal nicht ohne Weiteres möglich. Gewisse Schwingungen und Stimmungen zwischen den Zeilen können Sie eher bei einem mündlichen Briefing im direkten Gespräch mit dem Auftraggeber wahrnehmen. Deswegen ist eine Kombination aus schriftlichem und mündlichem Briefing wichtig und ideal.

TIPP *Ein guter Weg ist es, nach einem mündlichen Briefing die Ergebnisse kurz schriftlich zusammenzufassen und sich diese vom Briefing-Geber bestätigen zu lassen.*

Für ein gutes Briefing sind immer beide Seiten gleichermaßen verantwortlich: Briefing-Geber und -Nehmer. Um ein Briefing gelingen zu lassen, bedarf es von Seiten des Briefing-Gebers einiger Vorarbeit: Er sollte alle wichtigen Fakten schon zusammengetragen und sich Gedanken darüber gemacht haben, was das Problem ist, das er lösen will. Er sollte zumindest den Zustand beschreiben können, den er ändern möchte. Er sollte auch wissen, was und wen er mit der neu aufgestellten Kommunikation erreichen will.

Der Briefing-Nehmer wiederum sollte sich in erster Linie durch eine offene Haltung auszeichnen. Diese dokumentiert er, indem er aktiv zuhört, Fragen stellt und mit eigenen Bedenken erst einmal hinter dem Berg hält. Schließlich geht es im Briefing darum, Informationen zu sammeln, und nicht darum, schon einzelne Ideen oder gar eine Strategie aus dem Ärmel zu schütteln. Essenziell ist es, dass der Briefing-Nehmer am Ende des Briefings noch einmal zusammenfasst, wie er seine Aufgabe verstanden hat. So können die Erwartungen des Briefing-Gebers mit den Wahrnehmungen des Briefing-Nehmers abgeglichen werden.

Ein Briefing ist dazu da, Informationen zu übermitteln, und zwar nicht nur über Fakten, die überall nachlesbar sind, sondern vor allem über die Dinge, die bisher noch nicht bekannt sind – Dinge, die vielleicht noch nicht einmal das Unternehmen selbst als wichtig einschätzt, obwohl sie unerlässlich wichtig sind, um das eigentliche Problem zu erkennen. Meistens liegt diesem Problem ein blinder Fleck zugrunde – und genau den gilt es zu eruieren. Manchmal besteht dieser blinde Fleck auch darin, dass in einem Unternehmen verschiedene Abteilungen gegeneinander agieren und aus diesem Grund wichtige Informationen vorenthalten. All das sollte idealerweise im Rahmen eines Briefings ans Tageslicht kommen.

2. Recherche

Dem Auftraggeber des Kommunikationskonzeptes mangelt es oft naturgemäß an einer objektiven Sicht auf die Dinge. Deswegen ist es wichtig, dass der Briefing-Nehmer recherchiert und weitere Fakten, Mei-

nungen und Informationen zusammenträgt, bevor er mit der Konzepterarbeitung beginnt.

Wichtig für die Recherche in Sachen Kommunikationskonzept ist, dass
Sie den Fokus des Konzepts im Auge behalten. Sie wollen entweder ein
Produkt oder eine Dienstleistung vermarkten oder „Ihr" Unternehmen
beziehungsweise den Auftraggeber mit einem bestimmten Image in der
öffentlichen Wahrnehmung positionieren. Dazu gehört es, nicht nur
nach Fakten zu recherchieren, sondern auch nach Stimmungen, Strö-
mungen und Trends, die das Unternehmen oder die Problemstellung
betreffen. Dazu können Sie ebenfalls informelle Plattformen wie Inter-
net-Blogs, -foren und -Communitys heranziehen. Dies ist auch deswegen wichtig, weil Sie so den Zeitpunkt für den Start einer Kampagne
besser festlegen können.

Warum ist der Zeitpunkt für den Start einer Kommunikationskampagne
so wichtig? Um das Beispiel Seniorenpflegeheim noch einmal aufzugreifen: *Wenn vielleicht demnächst eine groß angelegte Studie der Regierung
oder eine Gesetzesänderung zur Pflegeversicherung veröffentlicht werden
soll, wäre dies ein perfekter Zeitpunkt, um in einer PR-Kampagne den
Betreiber eines Seniorenpflegeheims als Experten zum Thema zu positionieren. Denn sämtliche Medien werden nicht nur die Tatsache verkünden,
dass es ein neues Gesetz geben soll, sondern wollen auch Expertenmei-
nungen dazu zitieren. Oder anders herum betrachtet: Wenn durch die
Aufdeckung eines Pflegeskandals das Image der Seniorenpflegeheime auf
einem Tiefpunkt ist, hat es nicht viel Sinn, gerade zu diesem Zeitpunkt
mit einer PR-Offensive an den Start zu gehen.*

Ziehen Sie für Ihre Recherche alle möglichen Quellen in Betracht. Gehen Sie investigativ vor! Nutzen Sie Datenbanken, Archive, Berichterstattung in Presse und anderen Medien, Markt- und Meinungsforschung, aber auch persönliche Gespräche mit Betroffenen und mit der Zielgruppe. Recherchieren Sie, wenn möglich, unbedingt auch vor Ort! Wenn Sie ein Kommunikationskonzept für einen Seniorenpflegeheimbetreiber erstellen sollen, schauen Sie sich mehrere Seniorenpflegeheime an.

KOMPAKT

Übrigens: Wenn Sie herausfinden wollen, welche gesellschaftlichen Entwicklungen in Zukunft bedeutsam sein werden, können Sie die Veröffentlichungen und Erkenntnisse der Zukunftsforschung in Ihre Recherche mit einbeziehen. Vielleicht finden Sie unter den Megatrends der Zukunft ein Thema, zu dem sich Ihr Auftraggeber oder Ihr Unternehmen als Experte profilieren kann.

Einen Überblick über die zwanzig wichtigsten Megatrends finden Sie auf www.z-punkt.de unter „Publikationen" und „Artikel" zum Download.

TIPP

3. Re-Briefing

Ein Re-Briefing wird dann erforderlich, wenn trotz des ersten Briefings und der Recherchen noch Fragen offen sind, die nur der Auftraggeber beantworten kann. Dies kann im Rahmen eines Telefonats oder eines persönlichen Gesprächs geschehen.

Das Re-Briefing dient aber nicht nur dazu, Informationslücken zu schließen. Es gibt auch dem Auftraggeber die Gelegenheit, einen ersten Einblick in die Entstehung des Konzepts zu bekommen. Falls etwas in eine falsche Richtung läuft, kann er rechtzeitig eingreifen.

Jetzt ist der Zeitpunkt, noch einmal nachzuhaken, wenn Sie als Briefing-Nehmer im Rahmen des ersten Briefings festgestellt haben, dass es so etwas wie einen „blinden Fleck" gibt, oder Sie das Gefühl hatten, dass Ihnen Informationen vorenthalten wurden – die vielleicht ein Briefing-Geber verweigert hat, weil er oder seine Abteilung sonst in einem schlechten Licht dastünde – und Sie auch im Rahmen Ihrer Recherche in diesem Punkt nicht weitergekommen sind.

Halten Sie am Ende der Briefing- und Recherchephase und zu Beginn Ihres Konzepts den Auftrag kurz und knapp fest. Am Ende der Analysephase werden Sie ihn anhand der neu gewonnenen Erkenntnisse noch einmal überprüfen und unter Umständen anpassen.

4. Analyse

Nun geht es an die eigentliche Konzeptarbeit. Am Beginn steht die Analyse der Ist-Situation, sprich: die Auswertung der gesammelten Informationen. In Kapitel 3 und 4 konnten Sie nachlesen, welche Instrumente gut geeignet sind, Informationen inhaltlich zu strukturieren und zu ordnen. Beziehen Sie in Ihre Analyse nur die Informationen ein, die mit dem Problem oder dem Auftrag etwas zu tun haben beziehungsweise die Ihnen später weiterhelfen.

Für PR-Arbeit sind mit Sicherheit Informationen über das Unternehmen und seine Wettbewerber, die Zielgruppe der PR-Kampagne und über die bisherigen PR-Aktivitäten wichtig; Produktinformationen sind hingegen zweitrangig. Arbeiten Sie an einem Werbe- oder Marketing-Konzept sind sie wiederum essenziell. Diese selektierten und verschiedenen Bereichen zugeordneten Informationen bilden die Ausgangslage für das Konzept.

Im nächsten Schritt kommt es nun darauf an, die ausgewählten und zugeordneten Informationen zu bewerten und zu gewichten. Auch hier können Sie die im ersten Buchteil vorgestellten Methoden nutzen. Formulieren Sie Stärken und Schwächen, Chancen und Risiken des kommunikativen Anliegens. Danach können Sie die Fakten in einen neuen – dieses Mal bewerteten und gewichteten – Zusammenhang bringen.

An dieser Stelle sollten Sie noch einmal die ursprüngliche Aufgabenstellung überprüfen. Hält sie den Erkenntnissen der Analyse stand? Oder muss sie unter Umständen angepasst oder gar vollständig neu formuliert werden?

5. Festlegung der Ziele, Zielgruppen, Positionierung und Botschaften

Ein Konzept ohne **Ziel** ist kein Konzept. Das Ziel beschreibt den Zustand, der herrschen soll, nachdem das Konzept umgesetzt wurde. Das Ziel könnte lauten: „Herr Müller (in seiner Funktion als Inhaber einer Seniorenpflegeheim-Betreibergesellschaft) ist Deutschlands führender Experte für alle Fragen und Probleme, die die demographische Entwicklung aufwirft." Achtung: Wie man diesen Zustand erreicht, ist Gegenstand des Konzepts und nicht der Zielformulierung! Verwechseln Sie nicht den Weg mit dem Ziel. Das ist nicht zuletzt deswegen wichtig, weil ohne konkrete Zielformulierung niemals überprüft werden kann, ob denn das Konzept beziehungsweise seine Umsetzung auch erfolgreich war. Und wenn Sie auf eine Evaluierung verzichten, verbauen Sie sich von vornherein die Chance, aus eventuellen Fehlern zu lernen und es beim nächsten Mal besser zu machen. Bei umfangreicheren Projekten beziehungsweise Konzepten ist es eventuell sinnvoll, die Ziele noch einmal zu unterteilen (nach zeitlichen oder strategischen Gesichtspunkten).

In einer Zielformulierung haben weder Positionierungs- noch Lösungs-vorschläge etwas verloren. Wenn als Ziel festgehalten wird: „Herr Müller ist durch sein Buch *Die alternde Gesellschaft* Deutschlands führender Experte für die demografische Entwicklung", dann ist nicht nur das Ziel benannt, sondern auch ein möglicher Weg dorthin, nämlich die Publikation eines Werks zum Thema.

Ziele sollten realistisch sein. Wenn man einer von bundesweit zehn spezialisierten Wissenschaftlern ist, die sich in einem Gebiet mit großer gesellschaftspolitischer Relevanz auskennen, dann ist es realistisch, einen gewissen Bekanntheitsgrad in der deutschsprachigen Bevölkerung zu erreichen. Wenn man einer unter Tausenden ist und dann noch den Anspruch hat, von der Hälfte der deutschsprachigen Bevölkerung als Experte wahrgenommen zu werden, ist das nicht mehr realistisch.

Um zu Ihrem Ziel zu gelangen, müssen Sie herausfinden und festlegen, welchen **Zielgruppen** Sie etwas mitteilen wollen. Wenn das Ziel heißt, Herrn Müller als Experten in der Öffentlichkeit zu profilieren, dann ist Ihre Zielgruppe nicht automatisch „die Öffentlichkeit" – selbst wenn man sie im Fall von Herrn Müllers Anliegen eingrenzt auf Menschen über 50, die darüber nachdenken, wie sie ihren Lebensabend gestalten wollen. Natürlich ist eine direkte Ansprache der Zielgruppe Erfolg versprechend; im Falle von Herrn Müller ist jedoch die Zielgruppe eindeutig eine andere, eine indirekte: nämlich die der Journalisten. Denn Journalisten ermöglichen Herrn Müller eine Präsenz in den Medien und dadurch eine viel höhere Reichweite, als er sie mit der Direktansprache erreichen würde.

Wenn Sie eine Zielgruppe für Ihr Kommunikationskonzept festlegen, sollten Sie dies ganz detailliert und differenziert tun: Als Zielgruppe „Journalisten" zu benennen, ist zu allgemein. Es ist schwierig, Maßnahmen zu entwickeln, die pauschal für alle Journalisten interessant sind. Das gelingt nur, wenn diese Zielgruppe weiter differenziert wird: Welches Medium wollen Sie erreichen? Fernsehen oder Hörfunk? Printmedien? Tageszeitungen? Publikumszeitschriften? Fachmagazine? Überregional? Regional? Erst wenn Sie diese Parameter festgelegt haben, können Sie Ihre Maßnahmen darauf abstimmen.

Die Differenzierung der Zielgruppen ist auch noch aus einem ganz anderen Aspekt heraus wichtig: Erst wenn Sie die Zielgruppe genau eingegrenzt haben, können Sie die Art der Ansprache passend wählen. Ein Artikel oder eine Expertenaussage im Wirtschaftsmagazin *Brand eins* beispielsweise hat eine ganz andere Tonalität, Struktur und inhaltliche Tiefe als ein Artikel in der *Bild-Zeitung*. Sie erreichen Ihre Zielgruppe nur, wenn Sie deren Sprache sprechen. Und um deren Sprache zu sprechen, müssen Sie genau wissen, mit wem Sie es zu tun haben.

Die **Positionierung** bezieht sich auf das Image, das mit der Kommunikationskampagne erzielt werden soll: also das Bild, das die Zielgruppe von einem Unternehmen, einer Person oder einem Produkt hat. Dieses Bild basiert auf bestimmten emotionalen Wertvorstellungen: Wofür steht das Unternehmen oder das Produkt? Bei der Positionierung geht es also ganz klar darum, wie eine Organisation, eine Person oder ein Produkt gesehen werden will – und zwar immer auch in Abgrenzung zur Konkurrenz. (Daran kann man im Übrigen erkennen, dass der Begriff Positionierung eigentlich aus dem Marketing kommt.)

Wichtigstes Anliegen der Positionierung (sowohl in einem Marketing- als auch in einem PR-Konzept) ist es, ein Alleinstellungsmerkmal (USP) zu finden oder zu entwickeln. Dazu ist es meist nötig, eine Marktlücke oder -nische zu besetzen, die von anderen bisher nicht wahrgenommen und besetzt wurde.

Die Positionierung spielt eine sehr wichtige Rolle innerhalb des Kommunikationskonzepts, weil sie alle nachfolgenden Punkte stark beeinflusst. Um es plastisch auf den Punkt zu bringen: Wer sich als Experte zu einem bestimmten Thema positionieren will (und dies in der Positionierung auch so festhält), aber keine neuen Ideen und eigenen Ansichten aufweisen kann, nicht redegewandt ist und bei Nachfragen lediglich durch Wissenslücken glänzt, wird diesem Image nicht gerecht. Das Image muss also authentisch sein, egal ob es sich nun um eine Person, ein Unternehmen oder ein Produkt handelt. Es muss überall im Unternehmen wie auch im Konzept wiederzufinden sein. Erst dann ist ein Konzept stimmig, und erst dann hat es Chancen auf Erfolg.

Im Rahmen der Analyse haben Sie schon Informationen über die Konkurrenz gesammelt. Um die richtige Positionierung für Ihr Produkt oder Ihr kommunikatives Anliegen zu finden, sollten Sie nun noch einmal genau hinsehen: Was sind die Stärken und Schwächen der Konkurrenz? Mit welchem Image positioniert sie sich? Mit welchen kommunikativen Mitteln und Botschaften tut sie es? Bringen Sie die Positionierung der Konkurrenz möglichst in einem Satz auf den Punkt.

Dann konzentrieren Sie sich wieder auf die Stärken Ihres kommunikativen Anliegens, die Sie im Rahmen der Analyse ebenfalls schon herausgearbeitet haben.

- Prüfen Sie nun, ob irgendeine dieser Stärken ein mögliches Alleinstellungsmerkmal gegenüber der Konkurrenz darstellt.
- Schauen Sie im nächsten Schritt, ob die Stärke tatsächlich zur Zielsetzung passt.
- Als Letztes prüfen Sie, ob die Stärke der Zielgruppe nützt – besser noch: ob Sie mit Ihrer Stärke einen dringenden Bedarf der Zielgruppe decken können.

Sind alle drei Kriterien erfüllt, können Sie auf dieser Basis die Positionierung formulieren. Sie sollten dafür nicht mehr als einen Satz benötigen. Wenn die Positionierung erst weitschweifig erklärt werden muss, klemmt es irgendwo.

Eine Positionierung darf keinesfalls mit einem Slogan oder einer Botschaft **TIPP**
verwechselt werden. „Geiz ist geil!" beispielsweise ist definitiv keine Positionierung, sondern ein Slogan. Die diesem Slogan zugrunde liegende Positionierung könnte sein: „Das Unternehmen XY ist ein moderner Elektrohandel mit No-Name-Produkten zu Niedrigpreisen. "

Die Botschaften bilden den inhaltlichen Kern des Konzepts: Mit welchen Themen wenden Sie sich an die Zielgruppe, damit Sie Ihr Ziel erreichen? Mit welchen Kernaussagen? Auch an dieser Stelle geht es (noch) nicht darum, druckreife Texte, Slogans oder Claims zu formulieren, sondern erst einmal darum festzuhalten, was Sie der Zielgruppe mitteilen wollen.

Auch für die Botschaften sind die Stärken grundlegend, die Sie im Rahmen der Analyse herausgearbeitet haben. Die Stärken sind quasi der Auslöser oder der Aufhänger für die Botschaften. Was hat Ihr kommunikatives Anliegen oder Ihr Produkt, das der Wettbewerb nicht hat? Formulieren Sie daraus eine Botschaft. Schauen Sie sich aber auch noch einmal die Schwächen an, die Sie eruiert haben: Sie können die Schwäche ins Gegenteil umkehren, indem Sie ein schlagendes Argument dagegen als Botschaft formulieren. Ein Beispiel dafür: Der Seniorenheimbetreiber ist eigentlich zu jung, um als erfahrener Experte zum Thema „Die alternde Gesellschaft" gelten zu können. Dann stellen Sie seinen Elan und seine zukunftsweisenden Ideen in den Mittelpunkt der Botschaft.

Jede gute Botschaft besteht aus einem Kern – der eigentlich eine Behauptung, eine Hypothese, ist – und dessen Begründung. Kann die Zielgruppe dann noch einen Nutzen daraus erkennen, ist die Botschaft perfekt. Die Hypothese könnte lauten: „Seniorenheimbetreiber Andreas Müller ist der erfahrenste Experte für das Thema ‚Die alternde Gesellschaft'. Denn er hat eine wissenschaftliche Ausbildung absolviert, arbeitet schon seit Jahren als Heimleiter arbeitet und kennt deswegen nicht nur die Bedürfnisse von Senioren gut, sondern kann auch neue Perspektiven entwickeln."

TIPP *Prüfen Sie anschließend, ob die so gewonnenen Botschaften zur Zielgruppe und zur Positionierung passen und ob sie sich genügend von denen der Konkurrenz abgrenzen.*

Noch einmal: Eine Botschaft ist eine relativ unspektakuläre Aussage, die eher strategischen Charakter hat. Sie wird in dieser Form niemals nach außen kommuniziert, sondern bildet vielmehr die Basis für die Arbeit von Text- und Bild-Profis, die diese Botschaft dann in griffige – und je nach Anliegen und Zielgruppe emotionale, kühle, flippige, dezente oder andere – Worte und Bilder fassen.

6. Festlegung der Strategie

Als nächstes überlegen Sie, mit welchen Mitteln die Inhalte und Botschaften in die Köpfe der Zielgruppe gebracht werden sollen. Die Strategie ist quasi der Hebel, der alles in Bewegung setzt, und darum ein entscheidender Teil des Konzepts. Sie ist der Weg zum Ziel. Da es bekanntlich viele Wege gibt, seien hier nur einige beispielhaft angeführt.

- Um eine Person wie Herrn Müller als Experten für das Thema „Die alternde Gesellschaft" bekannt zu machen, scheint folgende Strategie angemessen: Man wartet auf einen günstigen Zeitpunkt, zu dem das Thema durch eine aktuelle Entwicklung gefragt sein wird (beispielsweise eine gesetzliche Änderung bei der Pflegeversicherung) und hängt sich dann an dieses Thema an.
- Man holt Kooperationspartner ins Boot, die die eigenen Botschaften weiterempfehlen.
- Man wendet sich nur an solche Zielgruppen, die aufgrund eigener Probleme gezwungen sind, sich mit dem kommunikativen Anliegen auseinanderzusetzen und ihm darum wenig Widerstand leisten.

7. Festlegung der Maßnahmen mit Zeitplan, Kosten und Evaluierung

Erst an diesem Punkt Ihres Konzepts – nachdem Sie alle vorbereitenden, analytischen und strategischen Überlegungen abgeschlossen haben – geht es ans Eingemachte: Jetzt werden die Positionierung und die Botschaften, die Sie entwickelt haben, in Worte und gegebenenfalls auch Bilder oder Aktionen gefasst. Jetzt werden ganz konkrete **Maßnahmen** entwickelt – dazu können Sie auf die Tools zur Ideenfindung und zum Brainstorming zurückgreifen (siehe ab Seite 91) – und die dazu passenden kommunikativen Kanäle ausgewählt. Dieser Teil sollte

den größten Part Ihres Konzepts ausmachen, denn Sie sollten die Maßnahmen so konkret benennen und darstellen, dass sich alle Leser des
Konzepts etwas darunter vorstellen können.

*Wenn Sie sich in den einzelnen Kommunikationsdisziplinen nicht gut genug aus-
kennen, sollten Sie sich spätestens für diese Phase Unterstützung durch Profis
aus Kommunikationsagenturen holen.*

Die Maßnahmen werden in dieser Phase aber nicht nur ausgewählt und
festgelegt, sondern auch **zeitlich geplant.** Erstellen Sie diesen Plan
so, dass die einzelnen Maßnahmen in einem sinnvollen zeitlichen Zusammenhang stehen: Es sollte immer wieder Höhepunkte geben, die
Kommunikationspausen sollten nicht zu lang sein, die Gesamtheit der
Maßnahmen nicht zu lang laufen.

Ein sehr wichtiger Punkt sind natürlich die **Kosten** der einzelnen Maßnahmen. Auch sie fließen in diesen Teil des Konzepts ein. Denn es muss
deutlich werden, ob das Budget die Durchführung der Maßnahmen auch
tatsächlich hergibt oder nicht. Allerdings können Sie die Kosten zu
diesem Zeitpunkt nur grob schätzen. Später, wenn Sie die Maßnahmen
ausfeilen, sollten Sie auch die Kosten detailliert berechnen beziehungsweise diesen Punkt den entsprechenden Profis überlassen (zum Beispiel
Kollegen aus der Einkaufsabteilung oder Media-Fachleuten).

Wichtig ist es auch, die geplante **Evaluierung** – sprich: die Erfolgskontrolle – der Maßnahmen in das Konzept mit aufzunehmen. Die Erfolgskontrolle dient dazu, die kommunikativen Maßnahmen vor, während
und nach der Durchführung zu untersuchen und zu prüfen, ob die er-
wünschten Ziele damit erreicht wurden.

Die Ergebnisse dieser Erfolgskontrolle sorgen nicht nur dafür, dass bestimmte Fehler nicht wiederholt werden, sondern sie bringt auch Chancen und Entwicklungsmöglichkeiten an den Tag. Sie kann Grundlage für ein Re-Briefing oder ein ganz neues Konzept sein. Gängige Methoden der Erfolgskontrolle bei Kommunikationsanliegen sind neben Verkaufs- und Besucherzahlen unter anderem Markt- und Meinungsforschung, Medienresonanzanalyse (wann wurde was in welchen Medien veröffentlicht?) oder Zielgruppenbefragungen.

Bei großen und komplexen Kommunikationskonzepten werden Sie um eine umfassende Markt- und Meinungsforschung nicht herumkommen. Hier gibt es Dienstleister, auf deren Angebot Sie zurückgreifen können. Bei kleineren kommunikativen Anliegen dürfte es reichen, wenn Sie sich auf die sogenannten „Bordmittel" beschränken. Damit sind kleine Auswertungen gemeint, die jedes Unternehmen schnell und unkompliziert durchführen kann, wie etwa Kundenbefragungen anlässlich eines Tages der offenen Tür oder anonyme Service-Tests.

8. Präsentation

Die Präsentation ist ein meist mit Spannung erwarteter Termin. Einiges dazu, insbesondere zur schriftlichen Ausarbeitung Ihres Konzepts, konnten Sie schon in Kapitel 7 des ersten Teils (ab Seite 135) lesen. An dieser Stelle seien die wichtigsten Tipps zur mündlichen Präsentation eines Konzepts aufgeführt.

Zwei Nachrichten vorab, zuerst die unbequeme: Ihre mündliche Präsentation muss gut werden. Eine zweite Chance bekommen Sie in der Regel nicht. Die gute Nachricht lautet: Aus einem mittelmäßigen Konzept können Sie durch eine gute Präsentation ein mitreißendes Konzept machen. Umgekehrt funktioniert das hingegen nicht immer (siehe auch das Interview mit Klaus Schmidbauer ab Seite 170).

Für die Vorbereitung einer gelungenen mündlichen Präsentation gilt:

- Auch für die Präsentation ist ein gutes Briefing essenziell: Wo wird sie stattfinden? Welche technischen Hilfsmittel stehen Ihnen zur Verfügung? Wie viel Zeit werden Sie haben? Wenn Sie Ihre Präsentation auf diese Gegebenheiten nicht abstimmen und ohne eigene technische Ausrüstung erscheinen oder zu einem halbstündigen Termin mit einer Präsentation aufwarten, die eine Stunde Zeit in Anspruch nimmt, haben Sie das Nachsehen.
- Klären Sie auch, wer Ihre Zuhörer sein werden, damit Sie Ihre Präsentation auf den Wissensstand der Anwesenden abstimmen können. Sind dieselben Personen dabei, die Sie schon während des Briefings kennengelernt haben? Oder werden Personen anwesend sein, die sich weder mit dem Thema noch mit dem kommunikativen Anliegen beschäftigt haben, aber dennoch mitreden dürfen? Sind die Entscheider auch dabei?
- Legen Sie Ihre Präsentation so an, dass Sie sie in maximal einer halben Stunde halten können. Kalkulieren Sie genügend Zeit darum herum ein: für den Aufbau der Technik, die Begrüßung der Anwesenden und für Fragen oder Diskussion hinterher.

Apropos Technik: In den allermeisten Fällen ist eine Präsentation mit Notebook und Beamer das Mittel der Wahl. Achten Sie darauf, dass das Notebook leistungsstark genug ist, um eventuell auch etwas pixel-intensivere Bilder, Anzeigen, Plakate etc. schnell anzeigen zu können. Auch sollte der Beamer eine hohe Lumen-Zahl haben, damit er zur Not in Räumen eingesetzt werden kann, die nicht verdunkelbar sind. Der sichere und souveräne Umgang mit einem Präsentationsprogramm wie PowerPoint gehört ebenfalls zu den Dingen, die Sie bei einer mündlichen Präsentation im Griff haben sollten.

Einige Tipps zur Gestaltung von Präsentationen:

- Ähnlich wie bei der Typografie gilt: Weniger ist mehr. Seien Sie zurückhaltend beim Einsatz von animierten Grafiken, tanzenden Buchstaben, blinkenden Linien etc. Das alles lenkt, besonders wenn es gehäuft auftritt, nur vom Wesentlichen ab, nämlich dem Inhalt und damit Ihrem Konzept.
- Überfordern Sie Ihre Zuhörer nicht mit zu vielen Folien beziehungsweise Seiten. Für eine halbstündige Präsentation sind fünfzehn Folien völlig ausreichend.
- Bauen Sie Ihre Folien immer nach einem klaren Muster auf: In die Kopfzeile schreiben Sie, in welchem Themenbereich des Konzepts Sie sich gerade befinden (zum Beispiel Maßnahmenplanung), dann folgt eine Headline, die die nachfolgenden Aussagen treffend auf den Punkt bringt. Diese Aussagen fassen Sie am besten in einer Liste mit Aufzählungspunkten zusammen. Formulieren Sie Stichpunkte, keine vollständigen Sätze.
- Wenn sinnvoll, können Sie statt der Liste mit den Aussagen auch eine Grafik oder ein Schaubild platzieren.
- Machen Sie nicht den Fehler, dass Sie die Seiten mit zu viel Text oder zu vielen Bildern überfrachten. Auch hier ist weniger eindeutig mehr. Achten Sie darauf, dass die Schrift groß genug ist, damit auch in großen Räumen das Publikum in den letzten Reihen den Text noch lesen kann.

 *Verwechseln Sie die Präsentation nicht mit Ihrem Vortragsskript! Ihr Vortrag sollte also nicht daraus bestehen, dass Sie einfach Ihre Präsentation vorlesen. Die Präsentation sollte vielmehr Ihren Vortrag unterstützen und untermauern, ihn kontrastieren und ergänzen – aber nicht der Vortrag selbst sein. Neben der Präsentation sollten Sie also immer ein Redeskript (lediglich Stichworte!) im Gepäck haben, wenn Sie Ihr Konzept vorstellen.*

„Konzepte müssen beflügeln!" – ein Gespräch mit Konzeptioner Klaus Schmidbauer

Klaus Schmidbauer ist Kommunikationskonzeptioner in Berlin. Er studierte Betriebswirtschaft mit Schwerpunkt Marketing und Werbung und arbeitete dann im Management eines internationalen Musikkonzerns, bevor er sein eigenes Tonträger-Label gründete. Nach „bewegten, aber wenig erfolgreichen Jahren als unabhängiger Musikproduzent" – wie er selbst sagt –, wechselte er in die Kommunikationsbranche, und zwar als Berater für PR, Werbung und Events. Seit 1989 ist er selbstständiger Kommunikationskonzeptioner und entwickelte über tausend Konzepte für Unternehmen, Verbände und öffentliche Institutionen aus ganz Deutschland. Sein Spezialgebiet ist die integrierte Kommunikation, also die systematische Vernetzung der verschiedenen Kommunikationsdisziplinen.

Klaus Schmidbauer hat mehrere Bücher zum Thema Kommunikation geschrieben und hält auch Seminare und Workshops dazu *(www.schmidbauer-berlin.de)*. Außerdem schreibt er ein Blog *(www.konzeptionerblog. de)*, das einen tiefen Einblick in seine tägliche Arbeit erlaubt – genau wie das folgende Interview.

Herr Schmidbauer, warum braucht Kommunikation ein Konzept? Viele Unternehmen, gerade kleine und mittelständische, haben keines, und da klappt die Kommunikation doch auch irgendwie. Oder?

Das stimmt. Es ist durchaus Usus, vor allem im Mittelstand, dass man auf Basis seiner hier und da gesammelten Erfahrungswerte in Sachen Kommunikation einfach loslegt. Es gibt jedoch zwei gute Gründe für ein Kommunikationskonzept: Nicht nur Unternehmen, sondern auch Verbände, Vereine, Interessengruppen – alle kommunizieren, alle haben der Öffentlichkeit etwas mitzuteilen. Die vielbeschworene Kommunikationsflut wird also immer stärker und mächtiger. Es ist deshalb schwierig, sich abzugrenzen, sich hervorzuheben. Wer dann nicht systematisch und strategisch arbeitet, sondern seine Kommunikation irgendwie aus dem Bauch heraus angeht, wird das nicht schaffen.

Der zweite Grund liegt darin, dass sich die einzelnen Disziplinen der Kommunikation stark verändern beziehungsweise ineinander übergehen. Jahrzehntelang gab es so etwas wie kleine Fürstentümer: Werbung, PR und Event-Management, die sich unabhängig voneinander entwickelten. Sie hatten eigene Kulturen, Berufsbilder – und eigene Instrumente. Die waren sehr überschaubar, ungefähr wie ein Werkzeugkasten. Hatte man ein kommunikatives Anliegen, nahm man das dazu passende Werkzeug, wendete es an und hatte die Sache im Griff. Seit einiger Zeit lösen sich diese Disziplinen aber auf.

Warum sind diese Unterschiede überflüssig geworden?

Die Kunden oder – um es mal plakativ auszudrücken – die Menschen da draußen sehen ja gar nicht den Unterschied zwischen Werbung und PR. Bei ihnen kommt die Kommunikation als Medienpräsenz an, egal mit welchem Werkzeug diese Medienpräsenz eines Produkts oder einer Dienstleistung erreicht wurde. Deswegen bieten heute Agenturen eine ganzheitliche Kommunikation an, eine 360-Grad-Kommunikation, die von PR über Werbung bis hin zum Event-Management alles umfasst. Darum haben auch die meisten Agenturen die Begriffe „PR" oder „Werbung" aus ihren Namen gestrichen.

In der Konsequenz bedeutet das: Die modernen Kommunikationsinstrumente passen nicht mehr in einen kleinen Werkzeugkasten, sondern füllen einen ganzen Werkzeugraum. Und deswegen funktioniert in Sachen Kommunikation ein konzeptloses Agieren nicht mehr. Unternehmen brauchen die große Linie, ein Dachkonzept, ein ganzheitliches Masterkonzept.

Gehen wir dennoch einen Schritt zurück: Was genau sind aus Ihrer Sicht die wichtigsten Unterschiede zwischen Marketing-/Werbe-, PR-, und Event-Konzepten?

Ein Marketing-Konzept ist quasi das übergreifende Konzept oder das Grundkonzept. Darin steht quer zu den genannten Disziplinen, was passieren soll, um ein Produkt zu vermarkten. Es ist ein Stück Kommunikationspolitik. Darunter anzusiedeln ist das Werbekonzept. Es hat die Aufgabe, das Produkt oder die jeweilige Dienstleistung in der Öffentlichkeit bekannt zu machen. Das PR-Konzept hat weniger das einzelne Produkt oder eine Dienstleistung im Fokus, sondern in ihm geht es um das Image eines Unternehmens, das ins Rampenlicht gerückt werden soll.

Das Event-Konzept beinhaltet die Durchführung von Veranstaltungen. 2001 gab es eine Untersuchung, deren Ergebnis war, dass 75 Prozent der Event-Konzepte völlig isoliert von den anderen Konzepten gesehen wurden. Im Moment geht aber auch hier die Entwicklung – in meinen Augen völlig zu Recht – in eine andere Richtung, nämlich hin zu etwas, das man Live-Kommunikation nennen könnte. Die umfasst nicht nur Veranstaltungen im klassischen Sinne, sondern alles, was mit Kommunikation zum Anfassen, Erleben, Dabeisein zu tun hat. Und das kann eben auch ein virtuelles Erlebnis sein, das wiederum mit Werbung gekoppelt ist. Also auch hier findet wieder etwas Ganzheitliches statt.

Was sind aus Ihrer Sicht die wichtigsten Phasen der Entwicklung von Kommunikationskonzepten und wie lautet die „Goldene Regel" für jede Phase – sofern es denn eine gibt?

Ein Kommunikationskonzept besteht aus drei großen Phasen, das ist sozusagen das Dogma. Dieser Dreisprung lautet: Analyse, Strategie, Operation. Wenn einer der Teile fehlt, dann kommt am Ende vielleicht ein Projektplan heraus, aber kein Konzept.

Im Rahmen der Analyse macht man sich durch ein Briefing und durch Recherche schlau. Die Ausgangslage muss transparent werden. Strategie bedeutet, dass auf dem Fundament der Analyse die tragenden Teile des konzeptionellen Gebäudes errichtet werden. Hier geht es um Ziele, Zielgruppen und Botschaften. In den Teil der Operation fällt alles, was mit der Umsetzung des Konzepts zu tun hat: konkrete Aktivitäten, Maßnahmen, aber auch die Kosten.

Für die Analyse lautet meine Goldene Regel: Ich lasse erst locker, wenn ich den Durchblick habe. Ich muss ein Fingerspitzengefühl für eine Situation, eine Aufgabe, eine Problemstellung entwickeln, sonst geht es schief. Die Goldene Regel für die Phase der Strategie basiert im Prinzip darauf, und sie lautet: Wenn man nicht in der Lage ist, innerhalb von einer Minute einem Außenstehenden zu erklären, um was es in dem Konzept geht, dann stimmt etwas daran nicht. Die Goldene Regel für die Phase der Operation hat eigentlich Hitchcock am besten formuliert. Er sagte einmal sinngemäß: „Gib' den Menschen, was sie gewohnt sind, tue es aber auf ungewöhnliche Weise." Das gilt auch für ein Kommunikationskonzept. Es darf keine 08/15-Lösungen bieten, es muss interessant und spannend sein, es braucht den Kick. Sonst lockt man damit niemanden hinter dem Ofen vor.

Konzepte werden oft im Team entwickelt. Haben Sie spezielle Tipps für den einsam vor sich hin werkelnden Kopfarbeiter?
Ich habe viele Konzepte im Team entwickelt, mache das aber – ehrlich gesagt – lieber allein. Ein Teamkonzept neigt dazu, ein Kompromiss zu werden. Die Gefahr, dass ein zwar goldener, aber leider etwas langweiliger Mittelweg gewählt wird, ist groß. Man braucht einen guten, klaren, ambitionierten Weg. Und deswegen arbeite ich gerne allein, denn nur dann kann ich einen ganz klaren Kurs fahren.

Wenn man allein arbeitet, muss man allerdings aufpassen, dass man sich nicht festfrisst innerhalb dieses Dreischritts, über den wir vorhin gesprochen haben. Ich skizziere ein Konzept erst einmal grob, durch alle Phasen hindurch. Wie ein Maler. Erst wenn die Skizze steht, fange ich an auszufeilen. Was auch sehr wichtig für mich ist: Ich bringe überall kreative Leistung ein. Mir ist bei jedem Konzept wichtig, dass etwas Besonderes entsteht, etwas, das Esprit hat und nicht einfach nur das Übliche bietet. Nur wenn ein Konzept spannend ist, wenn der Funken überspringt, dann wird es wirkungsvoll.

Was gehört in Ihr ganz persönliches Survival-Kit für die Konzept-erstellung? Was hilft Ihnen bei Ihrer Arbeit?

Was ich regelmäßig nutze, ist ein Instrument, das in der Branche „Putz-frauentest" heißt. An einem bestimmten Punkt präsentiere ich meine Ideen, die bis dahin in mein Konzept eingeflossen sind, einem außen-stehenden Menschen, der dann ganz spontan reagieren soll. An dieser Reaktion kann man sehr gut erkennen, ob man komplett daneben liegt oder nicht. Ich versuche außerdem, mich mit der Realität auseinander-zusetzen und nicht nur vom Schreibtisch aus zu agieren. Wenn ich ein neues Konzept für Stadtführungen erstellen soll, dann mache ich Stadt-führungen. Wenn ich ein Konzept für die Markteinführung von Feinkost-salaten entwickle soll, dann esse ich eben Feinkostsalate.

Wichtig ist es auch, nicht zu viel Zeit in die Ausformulierung und Aus-feilung des Konzepts zu investieren. Früher wurde ein Konzept immer ausformuliert und schriftlich eingereicht. Heute hat das stark abgenom-men. Kein Entscheider in einem Unternehmen nimmt sich mehr die Zeit, ein 40-seitiges Konzept durchzulesen. Er möchte lieber eine Zusammen-fassung präsentiert bekommen. Ich mache im Jahr fünfzig Konzepte, davon sind gerade einmal vier ausformuliert. Das wiederum bedeutet: Es kommt entscheidend auf die Präsentation an. Und in Richtung Prä-sentation muss man schon im Vorfeld denken, während der Arbeit am Konzept. Man muss anschaulich werden, reduzieren, klar werden.

Manchmal engagieren mich Unternehmen auch als Präsentationsberater, damit ich sie unterstütze, die richtige Agentur zu finden. Ich schaue mir dann etliche Präsentationen an und stelle oft fest: Viele Agenturen haben tolle Konzepte, verstehen es aber leider nicht, sie auch gut und klar zu präsentieren. Wenn das Konzept nicht ganz so gut ist, kann man in der Präsentation noch einiges herausholen, umgekehrt funktioniert das allerdings nicht.

Deshalb formuliere ich das Konzept auf ein bis zwei Seiten, in einem *Essential*, in Stichworten. Ganze Sätze kosten mich zu viel Zeit. Wenn ich zu viel Zeit in ein Konzept stecke, wird es zu teuer. Meine Arbeit ist dann nicht mehr effizient, und das kann ich mir nicht erlauben.

Was machen Sie bei Blockaden?
Bei Blockaden gibt es nur eins: Man muss aufhören. Als ich bei meiner letzten Blockade – also vor ungefähr drei Wochen – den Zeitpunkt zum Aufhören verpasst hatte, saß ich von fünf Uhr nachmittags bis morgens um drei Uhr im Büro und habe gerade einmal zwei Seiten geschrieben. Ineffizienter geht's kaum. Wie gesagt: Aufhören ist das Mittel der Wahl. Gehen Sie lieber spazieren, hören Sie Musik, legen Sie sich in die Badewanne und machen Sie danach mit frischen Kräften und wieder klarem Kopf weiter.

Was war Ihre schlimmste Erfahrung bei der Konzepterstellung?
Schlimm ist für mich, wenn ich merke: Der Auftraggeber versteht mein Konzept nicht. Das wird meistens an der Art deutlich, wie er darüber spricht. Da befindet er sich auf einer ganz anderen Ebene und hat überhaupt nicht verinnerlicht, was ich ihm mit meinem Konzept eigentlich sagen will. Wenn das passiert, dann weiß ich, dass das Briefing nicht vernünftig war. Ein Konzept ist wie ein Maßanzug für den Kunden, in dem er sich wohlfühlen muss. Und ein Maßanzug passt nur dann, wenn man richtig Maß nimmt, sprich: das Briefing gut macht.

Und wann ist ein Kommunikationskonzept durch und durch gut?

Kommunikation ist ein komplexer Vorgang. Das bedeutet, dass nur eine Kleinigkeit, die schief geht, plötzlich ein ganzes Konzept ins Wanken bringen kann. Oder umgekehrt: Eine winzige Kleinigkeit hat man richtig gemacht, und schon geht die Post ab. Ein Beispiel: Eine Kampagne für ein Putzmittel brachte nicht den gewünschten Erfolg, weil die Hand, die auf der dazugehörigen Broschüre abgebildet war und die das Putzmittel hielt, zu stark behaart war. Das hatte eine Marktforschung hinterher ergeben. Eine andere Kampagne lief sehr gut, weil sie sich mit ihrem Slogan im entscheidenden Moment, in dem die gesellschaftliche Stimmung kippte, von der bis dahin herrschenden „Geiz ist geil"-Mentalität abgrenzte und wir mit ihr zufällig genau den Zeitgeist getroffen hatten – was keiner vorher ahnen konnte.

Ein gutes Konzept ist wie eine Gebrauchsanweisung, eine Bedienungsanleitung. Es wird täglich gelebt, es inspiriert, es macht den Mitarbeitern in einem Unternehmen oder in einer Organisation Mut, es umzusetzen. Und wenn diejenigen, die ein Konzept umsetzen und es quasi ausbaden mussten, zu mir kommen und sagen: ‚Das war super! Das hat uns viel Spaß gemacht. Und nächstes Mal könnten wir ja noch dieses oder jenes tun!', dann weiß ich: Dieses Konzept war durch und durch gut, denn es hat andere beflügelt.

Buchkonzepte

10

Das Buch als Instrument der integrierten Unternehmenskommunikation

Bücher und Konzepte – wie passt das überhaupt zusammen? Im Verlauf der vorangegangenen Kapitel wurde mehrfach darauf hingewiesen, dass ein Konzept auch den Umfang eines Buches haben kann beziehungsweise Bücher häufig als Konzepte angesehen werden können. Wenn zum Beispiel eine Unternehmensberatung ihr Beratungskonzept, ein Marktforschungsinstitut seine Ergebnisse zu einem Forschungsprojekt oder ein Trainingsinstitut sein Seminarkonzept in die Form eines Sachbuches gießt und es anschließend veröffentlicht, dann wird gewissermaßen das ganze Buch zum Konzept.

Gerade Dienstleister veröffentlichen sehr häufig Bücher mit dem Ziel, das Konzept ihrer Leistungen einer breiteren Öffentlichkeit vorzustellen. Denn ein Buch ermöglicht es – im Gegensatz zu textlich eher kurz gehaltenen Broschüren, Presse- und Fachartikeln, White-Papers, PDF-Dokumenten, Websites oder mündlichen Präsentationen und Vorträgen – viel besser, ein Konzept in seiner gesamten Breite und Tiefe umfassend zu erläutern; dabei können auch Fallbeispiele aus der Unternehmenspraxis zur Veranschaulichung miteinbezogen werden. Häufig gestellte Fragen und komplexe Problemkonstellationen lassen sich in Buchform lösungsorientiert darstellen, und zwar viel ausführlicher, als dies im Unternehmensalltag in der täglichen Kommunikation mit Kunden oder mit der Presse möglich ist.

Das Buch eignet sich als Medium hervorragend, um PR und Marketing zu integrieren, und ist damit ein wertvoller Baustein der integrierten beziehungsweise ganzheitlichen Unternehmenskommunikation. Es erlaubt dem Autor beziehungsweise herausgebenden Unternehmen, sich als Problemlöser und Fachexperte für ein bestimmtes Thema zu positionieren.

Aber längst sind es nicht nur selbstständige Dienstleister, die eigene Bücher herausgeben, sondern Unternehmen aller Branchen: Von der Automobil- bis zur Lebensmittelindustrie, von Banken und Versicherungen bis zur Metallindustrie, vom Produktions- bis zum Handelsbetrieb, vom Kleinstbetrieb bis zum Konzern veröffentlichen Unternehmen Bücher, um sie als PR- und Marketinginstrument einzusetzen. Man bezeichnet solche von Unternehmen herausgegebenen Bücher als „Corporate Books", wobei es unerheblich ist, ob die Publikation in einem klassischen Buchverlag, als Book-on-Demand oder im Eigenvertrieb erfolgt.

Das Buchkonzept im engeren Sinne schließlich wird im Verlagsjargon meist als „Exposé" bezeichnet. Es muss immer vom Autor erstellt werden, sofern die Absicht besteht, ein Manuskript einem Buchverlag anzubieten. Verlage nutzen Exposés unter anderem, um sich einen Überblick über Inhalt und Umfang des geplanten Werkes, über die Kompetenz des Autors und über die Konkurrenzsituation auf dem Buchmarkt im betreffenden Themenumfeld zu verschaffen. Ohne Exposé ist es zwecklos, als Autor überhaupt einen Verlag anzusprechen, denn Verlage treffen ihre Entscheidung über Annahme oder Ablehnung eines Manuskripts auf der Basis eines vorliegenden Buchkonzepts.

Der Begriff „Buchkonzept" hat zwei Bedeutungen:

- *Das Buch selbst wird zum Konzept, wenn es beispielsweise Trainings-, Beratungs-, Produkt- oder Forschungskonzepte von Unternehmen zum Gegenstand hat.*
- *Das Exposé, das der Vorbereitung eines Buchprojektes wie auch der Verlagsfindung dient, ist das Konzept, welches Thema, Ziel, Inhalt und Vermarktungsmöglichkeiten des geplanten Buches komprimiert umreißt.*

Im Folgenden werden die beiden Konzeptarten praxisnah vorgestellt.

Worauf es bei einem Buch ankommt

Ein Buch zu veröffentlichen, das immerhin durchschnittlich 200 bis 250 Druckseiten umfasst, ist ein größeres Unterfangen. Der Arbeitsaufwand von der ersten Idee bis zur fertigen Veröffentlichung – inklusive Informationsrecherche, Gliederung des Buches, Verfassen eines lesergerechten Textes und Auswahl von Bildmaterial – wird leider von ungeübten Autoren so gut wie immer falsch eingeschätzt. Häufig herrscht die Meinung vor, man könne ein Buch neben einem ausgefüllten Arbeitstag in einem Vollzeitjob schreiben – also zum Beispiel abends nach Arbeitsschluss, im Urlaub oder an mehreren Wochenenden –, und es dauere nicht länger als vier Wochen, bis ein druckreifes Manuskript vorliege. Weit gefehlt!

*Die Publikation eines Buches hat den Charakter eines umfangreichen Projekts, das im Ganzen ein- bis anderthalb Jahre in Anspruch nimmt: Es ist eine Reihe verschiedener und arbeitsaufwendiger Schritte erforderlich, die zeitlich koordiniert und aufeinander abgestimmt werden müssen. Ein umfassendes **Publikationsmanagement** ist unumgänglich, wenn ein Buchprojekt Erfolg haben soll.*

Erfolgreich ist ein Buch dann, wenn

- *die Themenwahl und -eingrenzung den Kommunikationszielen des Unternehmens/Autors entspricht,*
- *es die angestrebte Leserzielgruppe erreicht und bei ihr ein positives Echo auslöst,*
- *es womöglich in einem renommierten Verlag erscheint,*
- *es von der Presse beachtet wird, also in einschlägigen Print- und Onlinemedien sowie im Rundfunk besprochen wird, und*
- *eine ansehnliche Auflage erreicht.*

Es würde den Rahmen dieses Ratgebers sprengen, das gesamte *Projekt-* und *Zeitmanagement* für Buchpublikationen hier vorzustellen. Denn Projektmanagement wie auch Zeitmanagement sind Themen, zu denen es schon etliche Ratgeber auf dem Buchmarkt gibt. Im Folgenden sollen daher nur einige wesentliche Sachverhalte vorgestellt werden, auf die es bei der Veröffentlichung eines Buches ankommt. Bevorzugt werden hier solche Dinge erläutert, die dazu beitragen, das Buchprojekt zu Beginn richtig „einzufädeln", denn erfahrungsgemäß werden die meisten Fehler zu Anfang des Projekts begangen.

Sind dann erst einmal die Weichen falsch gestellt, so läuft das Ganze in eine falsche Richtung und die Buchpublikation scheitert. Das bedeutet, dass zum Beispiel das Manuskript niemals fertiggestellt wird, weil es zeitlich ungenügend geplant wurde, oder auch, dass zwar ein Manuskript entsteht, das Thema jedoch falsch oder schlecht eingegrenzt wird, oder das Buch an den Leserinteressen vorbeigeht und damit seine Wirkung verfehlt. Einer der häufigsten Gründe, warum Buchprojekte erfolglos im Sande verlaufen, besteht darin, dass kein renommierter Verlag für das Manuskript gefunden wird. Dies deutet darauf hin, dass bereits im Vorfeld gravierende Fehler gemacht wurden, so dass Verlage das eingereichte Manuskript für nicht vermarktbar halten.

Themenfindung – ein klares Alleinstellungsmerkmal herausarbeiten

Jährlich werden rund 90.000 Neuerscheinungen auf dem deutschsprachigen Buchmarkt publiziert. Rund 500.000 Bücher sind insgesamt verfügbar; nicht eingerechnet die rund 1,5 Millionen älteren Titel, die zwar vergriffen, aber antiquarisch immer noch käuflich erwerbbar sind. Wer nach Buchtiteln recherchiert (zum Beispiel bei *www.amazon.de*), stellt alsbald fest, dass es zu beinahe jedem Thema bereits eine Vielzahl von Publikationen gibt. Zu allen gängigen Businessthemen wie Marketing, Personal- und Organisationsentwicklung, Strategie, Existenzgründung, Rechnungswesen und Controlling gibt es jeweils mehrere hundert (!) Titel auf dem Buchmarkt. Darunter sind sehr viele Me-too-Publikationen, die den Markt letztlich nur verstopfen und weder die erwünschte Wirkung beim Leser noch eine angemessene Auflagenhöhe erzielen.

KOMPAKT

*Ohne **Alleinstellungsmerkmal** hat Ihr geplantes Werk keine Chance auf dem Buchmarkt! Sie müssen Ihr Thema sehr genau ein- und von konkurrierender Literatur zum gleichen Thema abgrenzen, um einen USP für Ihr Buch herauszuarbeiten.*

Dies setzt eine sorgfältige Recherche wie auch die Lektüre etlicher Konkurrenztitel auf dem Markt voraus (vgl. Kapitel 2 und 3 des ersten Teils). Letztlich läuft es darauf hinaus, dass Sie für Ihr Buch eine noch unbesetzte *Marktnische* beziehungsweise *-lücke* finden müssen.

Ein Buch kann auf viererlei Weise eine Marktlücke schließen:
- durch den Inhalt selbst,
- durch die Darstellungsweise des Inhalts,
- durch die avisierte Leserzielgruppe und/oder
- durch den Umfang.

Keinesfalls ist es sinnvoll, ein Buch zu schreiben, das inhaltlich nur aus einer Zusammenfassung von zehn bis fünfzehn anderen Büchern, garniert mit ein paar spärlichen eigenen Gedanken, besteht, wie es Laienautoren mit ihrem Erstlingswerk leider immer wieder versuchen. In diesem Falle wären Sie bei der inhaltlichen Strukturierung und Ordnung von recherchierten Informationen stecken geblieben (vgl. Kapitel 3 ab Seite 42), ohne diese eigenständig zu interpretieren (vgl. Kapitel 4 ab Seite 68) oder kreative neue Ideen zu entwickeln (vgl. Kapitel 5 ab Seite 89).

Andererseits enthält aber kein Buch der Welt nur neue Informationen. Es gilt, zwischen beiden Extremen die rechte Mischung zu finden und etwa 30 bis 40 Prozent Bekanntes mit 60 bis 70 Prozent neuen Informationen anzureichern.

Innovativ ist Ihr geplanter **Buchinhalt** beispielsweise dann, wenn Sie eine neue Lösung für ein bekanntes Problem entwickeln beziehungsweise eine originelle, neue Hypothese aufstellen (vgl. Kapitel 6 ab Seite

106), die bisher noch niemand vor Ihnen vertreten hat und die Sie in Ihrem Buch ausführlich begründen sowie anhand praktischer Fallbeispiele belegen. Sie beleuchten also ein Thema oder ein Problem unter einer bisher unbekannten Perspektive und interpretieren den Sachverhalt und Ihre recherchierten Informationen unter diesem Blickwinkel neu.

Manchmal ist es nicht möglich oder auch vom Autor nicht beabsichtigt, inhaltlich etwas Neues zu bringen. Dennoch besteht die Möglichkeit, sich von anderen Werken abzugrenzen, indem man eine andere **Darstellungsweise** wählt. Wenn zu einem Thema schon fünfzig oder mehr Bücher publiziert wurden, die hochwissenschaftlich und kompliziert geschrieben sind, so schlösse ein populär und leserfreundlich verfasstes Sachbuch zum selben Thema eine Marktlücke. Dasselbe ist der Fall, wenn Sie zum Beispiel den ersten humorvollen Ratgeber für Existenzgründer verfassen, während alle übrigen Titel zur Existenzgründung eher nüchtern, langweilig und sachlich-informativ gehalten sind.

Die Ausrichtung auf eine klar umrissene **Zielgruppe** ist ebenfalls wichtig. Auf jeden Fall müssen Sie sich im Vorfeld darüber klar sein, für wen Sie überhaupt schreiben. Dies wiederum ist eine Frage Ihres Kommunikationsziels. Bei Corporate Books ist es häufig so, dass die avisierte Lesergruppe mit Kunden und potenziellen Kunden weitgehend deckungsgleich ist. Sie können über die Zielgruppe auch ein Alleinstellungsmerkmal für Ihr Buch aufbauen: Angenommen, es gibt schon 40 Bücher zum Bereich Eventmanagement, die sich jedoch ausschließlich an Großunternehmen und Konzerne wenden, dann wäre ein Buch mit dem gleichen Thema, das sich an Kleinunternehmen und Freiberufler richtet, eine Marktlücke.

TIPP

Sich auf eine Zielgruppe zu konzentrieren bedeutet, so zu schreiben, dass diese sich von der Darstellungsweise des Inhalts und dem Inhalt selbst angesprochen fühlt, und zwar häufig dadurch, dass das Thema laiengerecht, anschaulich und verständlich präsentiert wird.

Die letzte Möglichkeit, Ihr Buch von anderen abzugrenzen, besteht im *Buchumfang*. Allerdings setzt dies eine sehr profunde Insiderkenntnis des Buchmarktes voraus. Es ist nämlich nicht so, dass Sie lediglich einen „500-Seiten-Schinken" zu verfassen brauchen, um sich von allen übrigen Büchern zum gleichen Thema, die im Durchschnitt 200 Seiten haben, ausreichend marktgerecht zu unterscheiden.

Der Buchumfang kann in bestimmten Marktsegmenten ein Differenzierungskriterium sein. Beispielsweise sind in den letzten Jahren im Businessbereich etliche Reihen mit „Pocket-Büchern" erschienen, die sowohl vom Format als auch vom Umfang her kleiner als Taschenbücher sind; häufig haben sie nur 50 bis 80 Druckseiten. Die Bücher dieser Reihen, die von einigen Verlagen sehr geschickt am Markt platziert werden, treffen den Nerv der Zeit, weil viele Leser heute Publikationen bevorzugen, die sich mühelos innerhalb von maximal zwei Stunden lesen lassen. Aber nur eine eng umgrenzte Auswahl von Themen eignet sich für solche speziellen Buchreihen!

Umgekehrt ist ein Buch, dessen Umfang 200 bis 250 Seiten deutlich überschreitet, bei Verlagen nicht unbedingt beliebt. Generell müssen solche Bücher anders kalkuliert und letztlich auch anders am Markt positioniert werden als Werke mit einem durchschnittlichen Umfang. Sehr umfangreiche Bücher haben fast immer den Charakter von Standardwerken, die den Anspruch erheben, ein Themengebiet relativ vollständig abzudecken. Das macht jedoch nur bei bestimmten Themen überhaupt Sinn und erfordert zudem sehr viel Know-how.

Generell ist davon abzuraten, bei der Wahl eines Buchthemas irgendwelchen aktuellen Trends hinterherzulaufen. Märkte sind heute kurzlebig und relativ schnell gesättigt, was auch für den Buchmarkt gilt. Ein gerade beliebtes und gefragtes Buchthema kann sich schneller „totlaufen", als Sie Ihr Manuskript fertiggestellt haben. Dann ist es umso schwerer, noch Verlage und Leser dafür zu gewinnen.

Viel sinnvoller ist es demgegenüber, das Buchthema in Übereinstimmung mit den Kommunikationszielen des Autors beziehungsweise Unternehmens zu wählen. Manchmal kann es wie die Quadratur des Kreises anmuten, die Kommunikationsziele des eigenen Unternehmens mit den Erfordernissen des Buchmarktes (Abgrenzung von der Konkurrenzliteratur) und den Anforderungen von Verlagen (an die Themen- und Zielgruppeneingrenzung sowie den Buchumfang) in Einklang zu bringen. Lassen Sie sich daher von externen Dienstleistern, die sich auf dem Buchmarkt auskennen, unterstützen. Profis der Buchbranche können ebenfalls beim Verfassen des Manuskripts und bei der Erarbeitung eines Exposés helfen.

Das Verfassen des Buchmanuskripts

Ein durchschnittliches Buchmanuskript hat einen Umfang von circa 200 bis 250 Seiten. Und niemand schreibt einen so umfangreichen Text „mal eben nebenbei" oder in drei bis vier Wochen konzentrierter Arbeit! Leider glauben das jedoch extrem viele Autoren und werden aufgrund fehlenden Zeitmanagements niemals mit ihrem Manuskript fertig. Ungeheuer viele Buchprojekte – meiner Schätzung nach circa 80 Prozent – versanden regelrecht, weil nach anfänglicher Begeisterung für das

Thema der wahre Zeit- und Projektaufwand vollkommen unterschätzt wird. Ungeübte Autoren, die noch keine Bücher verfasst haben, brauchen, sofern sie gewissenhaft und nach Zeitplan vorgehen, circa zwölf bis achtzehn Monate, wenn sie täglich etwa zwei Stunden an ihrem Manuskript arbeiten; geübte Autoren kommen mit 4 bis 8 Monaten aus.

Wird ein Buch nicht von Anfang an in die persönliche Zeitplanung integriert, so wird es vom Autor auch niemals geschrieben beziehungsweise niemals beendet.

Ganz besonders unterschätzt werden die Phasen der Informationssammlung, -strukturierung, -ordnung und -interpretation (vgl. Kapitel 2 bis 4 im ersten Buchteil). Ja, viele ungeübte Autoren glauben sogar, sie könnten sich diese Arbeitsphasen gänzlich schenken, weil sie das Thema gut kennen, und gleich mit dem Schreiben loslegen. Schließlich stellen sie dann fest, dass ihnen schon nach zwanzig Seiten der Stoff ausgeht und sie nicht wissen, wie sie die restlichen 180 Seiten füllen sollen. Dann beginnen zeitaufwendige Nachrecherchen. Diese führen schließlich dazu, dass der Stoff mehrmals neu gegliedert und der Text immer wieder umgestellt und umformuliert werden muss. All das kostet Zeit. Häufig verlieren dann die betreffenden Autoren die Lust am Buch, weil sie das ganze Projekt falsch kalkuliert haben. Man tröstet sich damit, dass man irgendwann einmal weitermacht, wenn man „mehr Zeit" hat. Es ist allerdings eine Illusion zu glauben, man hätte in einem voll ausgefüllten Berufsleben irgendwann „mehr Zeit" als gerade jetzt.

Frustriert lassen die Autoren dann das Manuskript unvollendet in ihrem PC schlummern. Nach zwei Jahren schließlich stellen sie fest, dass sich inzwischen das gesamte Thema aufgrund aktueller Entwicklungen verändert hat und der geplante Buchinhalt in weiten Teilen überholt oder überarbeitungsbedürftig ist. Möglicherweise hat inzwischen auch ein anderer Autor ein Buch zum gleichen Thema herausgebracht, und allein schon aufgrund des nunmehr publizierten Konkurrenzwerkes hat sich die Marktsituation verändert. Das eigene Buchprojekt müsste noch einmal gänzlich neu und unter veränderten Prämissen angegangen werden.

Lassen Sie sich beim Verfassen Ihres Manuskripts von den im ersten Teil dieses Buches dargestellten Arbeitsphasen der Konzepterarbeitung leiten:
- *Informationsrecherche*
- *Informationsstrukturierung*
- *Informationsorganisation*
- *Informationsinterpretation*
- *Verfassen des Textes*

Versuchen Sie nicht, einzelne Phasen zu überspringen oder übermäßig abzukürzen, denn dann brauchen Sie für die letzte Phase, das Schreiben, erheblich mehr Zeit als üblich. Zudem leidet die Qualität des Manuskripts.

Im Anschluss an das Verfassen des Textes müssen Sie eine weitere Phase für den Feinschliff am Buch, also das Einholen von Feedback durch Probeleser und das Überarbeiten des Textes, einkalkulieren. Falls Sie Abbildungen verwenden, muss zusätzlich Zeit für deren Auffindung oder Entwicklung und drucktechnische Aufbereitung eingeplant werden.

Die schriftstellerische Gestaltung eines Buches

Bereits mehrfach wurde betont, dass Konzepte auf die Leserzielgruppe zugeschnitten sein müssen, um überhaupt zur Kenntnis genommen zu werden und eine positive Wirkung zu erzielen. Mehr noch als für firmeninterne Konzepte (Pläne, Berichte, Strategien und so weiter) gilt das in ganz besonderem Maße für Bücher, die eine breite, firmenexterne Öffentlichkeit erreichen und ansprechen sollen. Bücher, die nicht lesergerecht geschrieben und nicht auf die Bedürfnisse der Zielgruppe zugeschnitten sind, haben keine Chance auf dem Buchmarkt.

KOMPAKT

Mit einem Buch stellen Sie nicht nur Ihr Thema, sondern letztlich auch sich selbst als Autor oder Unternehmen auf eine bestimmte Weise in der Öffentlichkeit dar. Daher muss die Qualität Ihres Textes einfach erstklassig sein und überzeugen. Anderenfalls blamieren Sie sich oder verleiten Ihre Leser zu der falschen Schlussfolgerung, Sie seien schlecht informiert oder für Ihr Thema nicht kompetent genug.

Viele Autoren sind der Meinung, ihr Thema sei „trocken und nüchtern", und dementsprechend müsse auch ihr Buch trocken und nüchtern – sprich: langweilig – geschrieben sein. Das stimmt jedoch nicht. Letztlich lässt sich jedes, wirklich jedes, Thema so aufbereiten, dass es Leser fasziniert, zumindest aber verständlich, überzeugend und nachvollziehbar informiert und klar gegliedert ist.

Es ist hier nicht der Raum, um alle Kriterien einer schriftstellerisch gekonnten Darstellung zu erläutern. Wollen Sie ein Sachbuch verfassen, so lassen Sie sich von den in Kapitel 6 und 7 genannten wesentlichen Merkmalen guter Konzepte leiten.

TIPP

Hinweise, worauf es speziell bei der gekonnten sprachlichen Gestaltung von Sachbüchern ankommt, finden Sie in dem Artikel von Stephan Porombka: „Wie man ein (verdammt gutes) Sachbuch schreibt", kostenlos herunterladbar unter: *www.sachbuchforschung.de* (Arbeitsblätter für die Sachbuchforschung, Nr. 10).

Das Exposé oder Buchkonzept im engeren Sinne

Wollen Sie für Ihr Buchmanuskript einen Verlag finden, so benötigen Sie unbedingt ein Exposé, das die Funktion eines Bewerbungsschreibens erfüllt. Denn Verlage treffen die Entscheidung über Ablehnung oder Annahme von Manuskripten in erster Linie aufgrund von Exposés und nur in zweiter Linie aufgrund der Manuskripte selbst. Mit Hilfe des Exposés lässt sich mit der Verlagssuche bereits beginnen, lange bevor das Manuskript fertiggestellt ist.

Für Verlage erfüllt ein gut gemachtes Exposé folgende Kriterien:
- Es gibt einen komprimierten Überblick über den geplanten Buchinhalt,
- es erläutert das Alleinstellungsmerkmal des Buches,
- es grenzt die Leserzielgruppe genau ein,
- es zeigt Unterschiede zu konkurrierenden Titeln auf,
- es macht die Kompetenz des Autors für sein Thema deutlich,
- es informiert über Einzelheiten des Manuskripts (Umfang, Quellen und so weiter).
- Mit anderen Worten: Es ist die Basis, um den Erfolg eines Buchprojekts abschätzen zu können.

Wird aufgrund des Exposés ein Buchmanuskript von einem Verlag angenommen, dann erfüllt es verlagsintern im weiteren Verlauf des Projekts noch mehr Funktionen:
- Es liefert Anhaltspunkte für die Formulierung von Werbetexten in der Verlagsvorschau sowie von Presse- und Klappentexten,
- es ist eine wesentliche Grundlage für die finanzielle Kalkulation,

- es dient dem Briefing der Außendienstmitarbeiter, die das Buch in den Buchhandlungen vorstellen und verkaufen sollen.

Wenn Sie einen Verlag für Ihr Buchprojekt gewinnen wollen, ist ein Exposé unentbehrlich. Gut, wenn Sie sich daher bereits zu Beginn des Projekts die Mühe gemacht haben, Ihr Thema klar einzugrenzen, die Konkurrenzliteratur zu sichten, Ihre Zielgruppe festzulegen und ein Alleinstellungsmerkmal herauszuarbeiten. All dies kann nun in Ihr Exposé einfließen.

Ein Exposé sollte folgende Elemente enthalten:
- Vollständiger Name und Kontaktdaten des Autors
- Der gewählte Arbeitstitel
- Eine kurze Inhaltsangabe einschließlich eines vorläufigen Inhaltsverzeichnisses
- Zielgruppe Ihres Werkes
- Erklärungen zu verwendeten Quellen und Abbildungen
- Technische und formale Gegebenheiten Ihres Manuskripts
- Analyse der Konkurrenzliteratur
- Biografie des Autors inkl. Nachweis für seine Themenkompetenz
- Begründung der Wahl des Verlages
- Vorschlag für eine Buchreihe
- Sonstiges

Im Folgenden einige Erläuterungen zu einzelnen Punkten des Exposés:

Finden Sie nach Möglichkeit einen zugkräftigen **Titel** für Ihr Buchmanuskript. Sie können auch mehrere alternative Titelvorschläge für Haupt- und Untertitel unterbreiten. Der endgültige Titel wird dann vom Verlag festgelegt.

Die **Inhaltsangabe** sollte etwa eine halbe bis eine Seite lang sein und auch den Lesernutzen sowie das Alleinstellungsmerkmal Ihres Buches herausstellen: Warum sind Thema und Inhalt für eine breite Öffentlichkeit wichtig und bedeutsam? Welche speziellen Problemlösungen zeigt Ihr Buch auf? Welche Hypothesen verfolgt es? In welcher Weise profitiert der Leser vom Inhalt?

Führen Sie alle **Zielgruppen**, die der Inhalt interessieren könnte, vollständig auf. Richtet sich Ihr Buch zum Beispiel im Unternehmen an IT-Verantwortliche, Controller, Marketingleiter oder andere Fach- oder Führungskräfte? Ist es nur für Vorstände aufschlussreich oder auch für das mittlere Management? Welchen Branchen gehören Ihre Leser an? Wie schätzen Sie die Unternehmensgröße Ihrer Zielgruppe ein? Könnte Ihr Buch auch Wissenschaftler oder Studenten interessieren?

Die Angabe von **Quellen** ist dann aufschlussreich, wenn sie herausragend sind. Haben Sie zum Beispiel die Meinung von speziellen Fachexperten eingeholt? Haben Sie viele Interviews durchgeführt? Haben Sie Quellen konsultiert, die bisher nur im Ausland bekannt waren?

Eine **Konkurrenzanalyse** macht einen guten Eindruck: Führen Sie etwa fünf bis zehn Konkurrenztitel mit vollständigen bibliografischen Angaben an und stellen Sie sie jeweils mit einer knappen Inhaltsangabe in wenigen Sätzen vor. Machen Sie deutlich, inwieweit sich Ihr Manuskript von diesen Titeln unterscheidet.

Fügen Sie einen kurzen **Lebenslauf** von maximal einer halben Seite mit Ihren beruflichen Stationen bei, aus dem auch hervorgeht, warum Sie für Ihr gewähltes Buchthema kompetent sind, seit wann und in welcher

Weise Sie sich damit beschäftigt haben. Legen Sie gegebenenfalls auch ein Verzeichnis Ihrer bisherigen Publikationen bei.

Eine Begründung der Verlagswahl und ein Vorschlag, in welche Buchreihe Ihr Werk passt, sind nicht unbedingt erforderlich. Falls Ihnen dazu nichts einfällt, lassen Sie diese weniger wichtigen Punkte einfach weg.

Als Beispiel finden Sie nachfolgend einen Auszug aus dem Exposé, das die Autorin für dieses Buch beim Verlag BusinessVillage angefertigt hat:

Das Werk und sein Nutzen für die Leser:

Viele „Kopfarbeiter" stehen heute – unabhängig von ihrem Arbeitsbereich – häufig vor dem Problem, in kürzester Zeit Konzepte ausarbeiten zu müssen, und das oft unter großem Zeitdruck bei gleichzeitig hoher Arbeitsbelastung.

Es kann sich um Konzepte der unterschiedlichsten Art handeln: Entscheidungsvorlagen, Berichte, Gutachten, Unternehmensstrategien, Visionen, Werbekampagnen, Fachartikel, Präsentationen, ganze Bücher. Gleichgültig ist dabei, ob die Konzepte nur firmenintern verwendet werden oder zur externen Darstellung dienen; gleichgültig ist auch, ob die Konzepte mündlich vorgetragen oder schriftlich ausformuliert werden müssen.

Die Autorin zeigt systematisch alle Schritte und Methoden von der Informationssammlung über die -sichtung und -bewertung bis zur schriftlichen Ausformulierung. Im Vordergrund steht dabei immer der Gedanke: Es muss schnell gehen – aber nicht auf Kosten der Qualität!

Das systematische (statt kopflose) Vorgehen auf der Basis bekannter und auch weniger bekannter Methoden sichert letztlich die Qualität des Konzeptes.

Das Thema und seine Relevanz:

Das Thema „Konzepte ausarbeiten" ist von prinzipieller Gültigkeit und aufgrund des heute überall im Arbeitsleben herrschenden Zeitdrucks zudem von hoher Aktualität. Das Buch ist so geschrieben, dass es bei zügigem Lesen in maximal zwei Stunden inhaltlich zu erfassen ist.

Dabei geht es nicht nur um das Konzept selbst, das eher Mittel zum Zweck ist. Vor allem geht es um die Wirkung, die damit erzielt werden soll: Mitarbeiter/Kollegen/Vorgesetzte/Kunden für eine Sache gewinnen, seine Ideen überzeugend präsentieren, mit den richtigen Argumenten Kompetenz demonstrieren. Konzepte sind oft der Anfang, um weitreichende Handlungsketten im Unternehmen auszulösen. Deshalb gilt es, schon am Anfang die Weichen richtig zu stellen, die zu fällenden Entscheidungen auf einer fundierten Basis zu treffen und das Konzept am Ende zielgruppengerecht zu gestalten, damit es die erhoffte Wirkung auch tatsächlich erzielt.

Zielgruppen:
- Fach- und Führungskräfte aller Ebenen und Branchen, die für interne oder externe Zwecke Konzepte ausarbeiten müssen
- Marketing-Fachleute
- Selbstständige wie Berater, Trainer und andere
- Studierende aller Fachrichtungen, die Diplomarbeiten, Dissertationen oder Ähnliches ausarbeiten müssen
- Alle „Kopfwerker"

Wie Sie feststellen können, sind einige Formulierungen des Exposés später in den Klappentext des Buches eingeflossen.

Autoren machen sich häufig nur dann die Mühe, ein Exposé zu erarbeiten, wenn sie ihr Werk einem Verlag anbieten wollen. Es ist jedoch auch sinnvoll, ein Buchkonzept schriftlich zu erarbeiten, wenn es ohne Verlag publiziert wird. In diesem Falle hilft das Konzept, „auf Kurs" zu bleiben, also Thema und Kernaussagen im Verlaufe des Projekts im Auge zu behalten. Denn es passiert im Laufe der Recherchen, der Sichtung und Ordnung des Materials sehr leicht, dass sich ein Thema unbemerkt in eine Richtung „verschiebt", die zunächst gar nicht beabsichtigt war. Schlimmstenfalls verliert man sogar das eigentliche Thema aus den Augen, weil man sich in interessanten Nebenaspekten verzettelt und diese mehr und mehr den Inhalt des Buches zu dominieren beginnen. Somit besteht die Gefahr, nicht nur am geplanten Thema, sondern auch an der avisierten Zielgruppe vorbei zu schreiben.

Ein Konzept ist außerdem dann hilfreich, wenn Sie Arbeiten am Buchprojekt an Dritte delegieren wollen, zum Beispiel an Ko-Autoren oder an Mitarbeiter, die Sie bei der Informationsrecherche unterstützen sollen. Mit Hilfe des Exposés können sich auch Externe, die mit Ihren Buchinhalten nicht vertraut sind, schnell einen Überblick verschaffen.

Ein Exposé erfüllt drei unterschiedliche Funktionen:

KOMPAKT

- Es dient dem Verlag als Entscheidungsgrundlage, ob er Ihr Buchmanuskript annehmen soll, und nach dessen Zusage verlagsintern verschiedenen weiteren Zwecken.

- Es hilft Ihnen, im Verlaufe des längeren Buchprojekts Ihr Ziel, Ihren Buchinhalt, Ihre Kernaussagen und Ihre Zielgruppe immer im Auge zu behalten, und bewahrt somit vor Verzettelung.
- Es informiert überblicksartig andere, die Teilaufgaben an Ihrem Buchprojekt übernehmen sollen.

Bücher sind einerseits nützliche PR- und Marketinginstrumente für Unternehmen und andererseits die denkbar umfangreichsten Konzepte, die es gibt. Buchprojekte ziehen sich über ein bis anderthalb Jahre hin und sind nur dann erfolgreich, wenn zuvor sorgfältig alle Arbeitsschritte geplant, zeitlich terminiert und mit Zuständigkeiten versehen werden (wer macht was bis wann?). Ein umfassendes Publikations- und Projektmanagement ist unerlässlich, wenn ein solches Langzeitprojekt zum Erfolg geführt werden soll.

Es ist notwendig, zunächst ein Exposé zu erarbeiten, um in Übereinstimmung mit dem Kommunikationsziel ein Alleinstellungsmerkmal zu erarbeiten, den Buchinhalt und die Zielgruppe einzugrenzen und sich von konkurrierender Literatur zum gleichen Thema abzuheben.

Nach dieser Planungsphase geht es an die Umsetzung, also das Verfassen des Manuskripts. Es sollte den Arbeitsschritten des Konzeptes – Informationsrecherche, -strukturierung, -organisation, -interpretation, kreative Ideenfindung und Schreiben – folgen. Dabei sollte das Verfassen des Textes lediglich etwa 20 bis 30 Prozent der Zeit ausmachen, während der Schwerpunkt mit 70 bis 80 Prozent auf der intensiven Suche und Bearbeitung von Informationen liegt. Eine lesergerechte und schriftstellerisch gekonnte Darstellung des Buchinhalts – klar, verständlich und nachvollziehbar – ist die Voraussetzung dafür, dass das Buch von der Zielgruppe überhaupt wahrgenommen sowie gelesen wird und letztlich die vom Autor beabsichtigte Wirkung in der Öffentlichkeit hat.

Anhang

11

Literatur

Brendel, Matthias und Frank; Schertz, Christian u.a.: Richtig recherchieren. Wie Profis Informationen suchen und besorgen. Ein Handbuch für Journalisten und Öffentlichkeitsarbeiter. 7. Auflage, FAZ-Institut, Frankfurt am Main 2010.
Dieses Buch behandelt schwerpunktmäßig die im 2. Kapitel des ersten Teils kurz angerissene journalistische Recherche.

Buzan, Tony: Speed Reading. Schneller lesen – mehr verstehen – besser behalten. Goldmann, München 2007.
Tony Buzan, der Erfinder des Mindmappings, stellt hier eine Methode des effektiven Schnelllesens vor.

Klug, Sonja: Ein Buch ist ein Buch ist ein Buch ... Der erfolgreiche Weg zum eigenen Sachbuch. Orell Füssli, Zürich 2002.
Wenn Sie ein Sachbuch verfassen und publizieren wollen, wenn Sie nach Verlagen und Dienstleistern suchen oder sich über Verlagsverträge mit Autoren sowie Presse- und Öffentlichkeitsarbeit für Ihr Buch informieren wollen, so finden Sie hier die richtige Unterstützung.

Klug, Sonja: Unternehmen von der schönsten Seite. Corporate Books für PR und Marketing. MI-Wirtschaftsbuch, München 2010.
In Marketing und PR haben Unternehmensbücher (Corporate Books) als Premiuminstrumente einen hohen Wert. Sie stärken die Markenidentität, bereichern Firmenjubiläen und dienen der Kundenbindung. Corporate Books können von Unternehmen aller Größen und Branchen in Industrie, Handel und Dienstleistung mit Gewinn eingesetzt werden. Das Buch zeigt anhand vieler praktischer Beispiele, wie Sie Ihr Unternehmensbuch publizieren und vermarkten können.

Kruse, Otto: Keine Angst vor dem leeren Blatt. Ohne Schreibblockaden durchs Studium. 12. Auflage, Campus, Frankfurt 2007.
Das Buch eignet sich längst nicht nur für Studierende, sondern für alle, die umfangreichere Texte (wissenschaftliche Arbeiten, Sachbücher, Protokolle, Referate, Essays, Erzählungen usw.) verfassen wollen. Es führt den Leser systematisch durch den Prozess der Wissenskonstruktion, der Datenerhebung und des Schreibens.

Minto, Barbara: Das Prinzip der Pyramide. Ideen klar, verständlich und erfolgreich kommunizieren. Pearson Education, München 2005.
In diesem Buch wird die im 6. Kapitel des ersten Teils behandelte Pyramiden-Methoden zum übersichtlichen Aufbau von Hypothesen ausführlich behandelt. Die Lektüre ist nicht ganz einfach und erfordert ein hohes Maß an logischer Denkkapazität. Aber gerade darum ist die Pyramiden-Methode so wertvoll, denn sie lässt sich nicht nur zur Konzepterarbeitung einsetzen, sondern auch in vielen anderen Bereichen, in denen es um logisch-strukturiertes Vorgehen geht.

Reinmann, Gabi; Eppler, Martin J.: Wissenswege. Methoden für das persönliche Wissensmanagement. Hans Huber, Bern 2007.
Das Buch stellt einen umfassenden Kanon an operativen Methoden für das persönliche Wissensmanagement mit praktischen Anwendungen vor. (Einige dieser Methoden wurden in den Kapiteln 3, 4 und 5 kurz behandelt.) Eine wahre Fundgrube und meines Wissens die erste systematische Zusammenstellung bisher existierender Methoden überhaupt!

Rico, Gabriele: Garantiert schreiben lernen. Sprachliche Kreativität methodisch entwickeln – ein Intensivkurs auf der Grundlage der modernen Gehirnforschung. Rowohlt, Reinbek 2004.

Rico erläutert hier die in Kapitel 6 vorgestellte Methode des Clusterings, die hilft, Schreibblockaden zu überwinden. Der Leser hat Gelegenheit, das Clustering anhand vieler praktischer Übungen selbst zu erlernen.

Schlicksupp, Helmut: Innovation, Kreativität und Ideenfindung. 6. Auflage, Vogel, Würzburg 2004.
In diesem Standardwerk finden Sie eine ganze Reihe von vielfältig anwendbaren Kreativitätsmethoden, die in den Kapiteln 3, 4 und 5 im ersten Teil vorgestellt wurden, übersichtlich und verständlich dargestellt. Außerdem werden Innovationsprozesse im Unternehmen und die Praxis der Ideenfindung behandelt.

Schmidbauer, Klaus: Vorsprung mit Konzept. Erfolgreiche Konzepte für die Unternehmens- und Marketingkommunikation entwickeln. Talpa, Berlin 2011
Konzeptioner Klaus Schmidbauer (siehe Interview Seite 170 ff.) erläutert in diesem Buch ausführlich, wie Kommunikationskonzepte entwickelt werden: von der Strategie, über die operative Planung bis zur Realisierung.

Schmidbauer, Klaus: Professionelles Briefing – Marketing und Kommunikation mit Substanz. Damit aus Aufgaben schlagkräftige Konzepte werden. BusinessVillage, Göttingen 2007.
Es wird speziell die Briefing-Phase im Rahmen der Konzeptentwicklung (vgl. Seite 152 ff.) behandelt.

Thomas, Carmen: Vistem – der klare schnelle Weg zur Sache. Beltz, Weinheim, Basel 1996.
Dies ist eines der zahlreichen Bücher, die Carmen Thomas zur Erläuterung ihrer Methode Vistem, vorgestellt im 4. Kapitel, geschrieben hat.

Websites

www.etmgmbh.de
Hier können Sie alle Utensilien bestellen, die Sie für die Anfertigung von Vistem-Visualen (Kapitel 4) benötigen: Pits und Fonds in allen Farben und Größen sowie weitere Unterlagen und Literatur zum Thema Vistem.

www.inspiration.com
Hier können Sie kostenpflichtige Software zur Erstellung von Concept-Maps erwerben.

www.kreativ-werden.de
Auf dieser Website werden zahlreiche Kreativitätsmethoden und Strategien vorgestellt sowie ihre Anwendung erläutert.

www.mindjet.com/de
Hier können Sie die Software Mindmanager für die Erstellung von Mind-Maps (Kapitel 4) bestellen, sofern Sie die Methode häufig einsetzen und Ihre Mind-Maps nicht mit der Hand, sondern lieber am PC zeichnen wollen.

www.thinkbuzan.com/de
Dies ist die Homepage des Mind-Map-Erfinders Tony Buzan mit vielen Infos rund um die Methode.

www.zeitzuleben.de
Eine Website, die eine Fülle von Artikeln zum Download zu den Themengebieten Kreativität, Verfassen von Texten und Selbstmanagement anbietet.

Danksagung

Für die Unterstützung bei der Überarbeitung und Ergänzung der Neuauflage meines Buches danke ich insbesondere meiner Autoren-Kollegin und Ko-Autorin mehrerer Bücher: Dorothee Köhler (www.scriptics.de). Dem Konzeptions-Profi Klaus Schmidbauer (www.schmidbauer-berlin. de) danke ich, dass er für das Interview ab Seite 170 zur Verfügung gestanden hat. Sein Einblick in integrierte Kommunikationskonzepte ist eine positive Bereicherung für dieses Buch.

Die Autorin

Dr. phil. Sonja Ulrike Klug, The Expert in Publishing Books®, ist als Autorin, Publizistin und Corporate-Book-Expertin auf die Betreuung von Buchprojekten im Auftrag von Unternehmen spezialisiert. Zu ihr kommen mittelständische Unternehmen verschiedener Branchen, die eigene Bücher als Marketing- und PR-Instrumente öffentlichkeitswirksam publizieren wollen. Zusammen mit ihrem Agentur-Team übernimmt Dr. Klug das vollständige Publikations- und Projektmanagement, das erforderlich ist, um ein Corporate Book zu konzipieren, zu realisieren und zu vermarkten – einschließlich Verlagsvermittlung, Manuskripterarbeitung, Produktion und Buch-PR.

In der „Bücherschmiede" von Dr. Klug sind im Laufe von über 22 Jahren inzwischen mehr als 170 Titel entstanden: Von Sachbüchern über Jubiläumschroniken bis zu anspruchsvollen Fachbüchern ist alles darunter – Bestseller, die die einschlägigen Bestsellerlisten stürmten, und Longseller, die sich seit mehr als zehn Jahren auf dem Markt behaupten, inbegriffen.

Auf dem schwierigen Buchmarkt sind zündende Konzepte das A und O für den Marketingerfolg. Deshalb entwickelt Dr. Klug für die von ihr geplanten Buchprojekte stets Konzepte, in denen das Thema lesergerecht zugeschnitten, ein Alleinstellungsmerkmal erarbeitet und der Autor beziehungsweise das herausgebende Unternehmen klar positioniert wird.

Dank ihrer professionellen Konzepte arbeitet Dr. Klug bei der Vermittlung von Buchprojekten an Verlage mit einer Erfolgsquote von über 98 Prozent – während die durchschnittliche Annahmequote bei Verlagen unter 10 Prozent liegt.

Dr. Klug ist „Buchmacherin" aus Leidenschaft. Von sich selbst sagt sie: „Ich kann nur in Büchern denken. Bei jedem interessanten Thema, das mir begegnet, überlege ich fast automatisch, wie sich ein spannendes Buch daraus machen lässt." Selbst ist sie Autorin von 18 Büchern und rund 125 Fachartikeln zu verschiedenen kulturellen und wirtschaftlichen Themen. Die Presse berichtete vielfach über ihre Arbeit und bezeichnet sie als „Pionierin des Corporate Publishing" (Strategie Report) und als die „profilierteste Expertin für Unternehmensbücher im deutschsprachigen Raum" (ip-Mittelstand).

Kontakt:

E-Mail: info@buchbetreuung-klug.com

Internet: www.buchbetreuung-klug.com, www.corporate-book.eu

Professionelle Korrespondenz

Susanne Siekmeier
Professionelle Korrespondenz
Moderne Geschäftsbriefe und E-Mails
mit Wirkung
4. Auflage 2017

192 Seiten; Broschur; 21,80 Euro
ISBN 978-3-86980-199-5; Art.-Nr.: 892

Geschäftliche Korrespondenz bereitet Ihnen oft Kopfzerbrechen? In Gedanken fällt es Ihnen leicht, einen Sachverhalt oder ein Anliegen auf den Punkt zu bringen. Doch spätestens wenn Sie vor dem Bildschirm sitzen, fallen Ihnen oft nur farblose Phrasen und Floskeln ein, weit entfernt von überzeugenden und positiven Formulierungen.

Gute Korrespondenz zeichnet sich durch präzise, klare und ansprechende Formulierungen aus. Sie hat das Ziel, dass sich der Empfänger angesprochen und gut aufgehoben fühlt.

Susanne Siekmeier liefert Ihnen praktische Tipps, Beispiele und Musterbriefe, mit denen Sie Schwung in Ihre Korrespondenz bekommen und überzeugend und positiv formulieren. In diesem Buch erfahren Sie, wie Sie zukünftig mit Leichtigkeit individuelle, auf die jeweilige Situation zugeschnittene und lebendige Briefe und E-Mails mit Persönlichkeit und großer Wirkung verfassen.

163 ½ Impulse für wirkungsvolle lebendige Online-Meetings

Sabine Bredemeyer, Bettina Schöbitz
163 ½ Impulse für wirkungsvolle, lebendige On-line-Meetings
Wie du dich und deine Themen in Video-konferenzen überzeugend rüberbringst
1. Auflage 2021

156 Seiten; Broschur; 14,95 Euro
ISBN 978-3-86980-605-1; Art.-Nr.: 1122

Du wünschst dir nützliche Impulse für effektive und lebendige Online-Meetings, die nachhaltig wirken und die gewünschten Ergebnisse erzielen? Für Videokonferenzen, die bewegen, statt zu langweilen? Sollst du haben!

Dieses Buch liefert dir 163 ½ erprobte Impulse und Tools für alle Arten von Online-Veranstaltung: Webinar, Business- und Team-Meeting, Online-Workshop und mehr. Du erhältst pures Praxiswissen von zwei erfahrenen Online-Profis mit Herz, Hirn und Humor. Dabei entscheidest du selbst, welche Impulse du umsetzt und welche Tools du nutzt – für gelingende Kommunikation vor dem Bildschirm. Mit nützlichen Checklisten, amüsanten Geschichten und einer klaren Struktur – zum Wegsnacken ganz nebenbei.

Dieses Buch vermittelt dir, welche Technik dich budgetfreundlich zum Ziel bringt. Du erfährst, was dich als Persönlichkeit vor der Webcam richtig professionell wirken lässt und wie deine Moderation und Präsentation zum Highlight werden. Wir geben Tipps dafür, bei was du dir online Unterstützung holen solltest. Du verstehst, wie du Rahmenbedingungen schaffst, die Online-Meetings für alle erleichtern, und wie du mit gezielter Interaktion und Aktivierung online noch erfolgreicher wirst.

www.BusinessVillage.de

ad hoc visualisieren

Malte von Tiesenhausen
ad hoc visualisieren
denken sichtbar machen
4. Auflage 2020

192 Seiten; Broschur; 24,80 Euro
ISBN 978-3-86980-298-5; Art.-Nr.: 930

Wünschst du dir, deine Ideen verständlicher und auf den Punkt zu vermitteln? Du möchtest beim Arbeiten an Lösungsstrategien die Potenziale aller Teilnehmer voll ausschöpfen? Oder du möchtest bei Vorträgen oder Präsentationen Inhalte so vermitteln, dass deine Zuhörer den Informationsfluten nicht durch geistige Abwesenheit trotzen? Dann ist dieses Buch die Lösung ....

... Denn ein Bild sagt mehr als tausend Worte.

Das gilt für die immer komplexer werdende Welt mehr denn je. Wer das Visualisieren beherrscht, findet schnell eine gemeinsame Ebene und einen gemeinsamen Zugang, der nicht durch Worte verdeckt ist.

Du kannst gar nicht zeichnen? Du hast kein Talent? Falsch!

Mit diesem Buch wirst du den Zeichner in dir entdecken. Nutze die Visualisierung, um nachhaltiger zu erklären und als ganz neue Ressource bei der Ideenentwicklung. Der Cartoonpreisträger und Visualisierungsexperte Malte von Tiesenhausen inspiriert dich in diesem Buch, selbst den Stift in die Hand zu nehmen und ihn nicht wieder loszulassen. In unterhaltsamer und aufgelockerter Art und Weise stellt er Methoden und Techniken vor, wie du selbst die Kraft der Bilder nutzt und deinen Fokus auf die Welt erweiterst